WILEY

做中学丛书

101个化学小实验

Janice VanCleave's Chemisrty for Every Kid

【美】詹妮丝·范克里夫 著　林文鹏 译

上海科学技术文献出版社
Shanghai Scientific and Technological Literature Press

图书在版编目（CIP）数据

101个化学小实验 /（美）詹妮丝 · 范克里夫著；林文鹏译 . —上海：上海科学技术文献出版社，2015.1（2020.8 重印）
书名原文：Janice VanCleave's Chemistry for Every Kid
（做中学）
ISBN 978-7-5439-6462-4

Ⅰ . ① 1… Ⅱ . ①詹…②林… Ⅲ . ①化学实验—少儿读物 Ⅳ . ① O6-3

中国版本图书馆 CIP 数据核字（2014）第 289201 号

 图字：09-2013-531

责任编辑：于学松
装帧设计：有滋有味（北京）
装帧统筹：尹武进

101 个化学小实验
[美]詹妮丝 · 范克里夫　著　林文鹏　译
出版发行：上海科学技术文献出版社
地　　址：上海市长乐路 746 号
邮政编码：200040
经　　销：全国新华书店
印　　刷：常熟市人民印刷厂
开　　本：650×900　1/16
印　　张：13.25
字　　数：148 000
版　　次：2015 年 1 月第 1 版　2020 年 8 月第 5 次印刷
书　　号：ISBN 978-7-5439-6462-4
定　　价：20.00 元
http://www.sstlp.com

目　录

1. 物质的性质

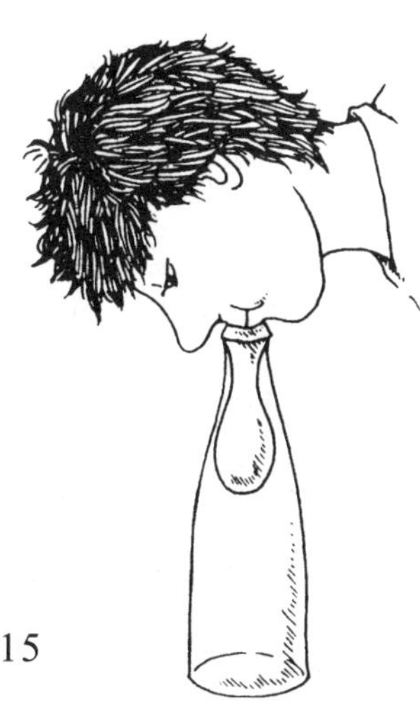

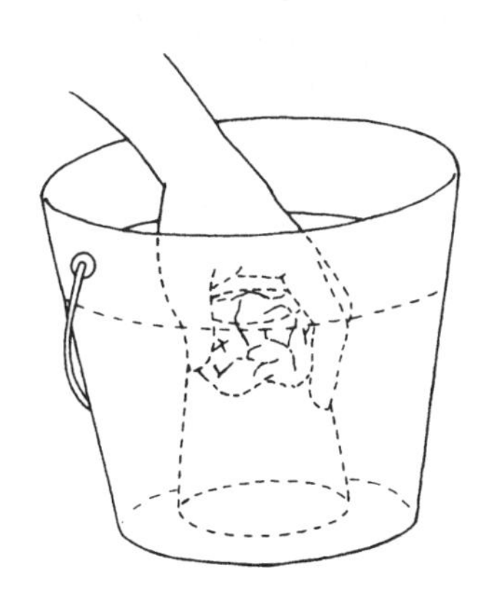

II. 神奇的力

III. 搞怪的空气

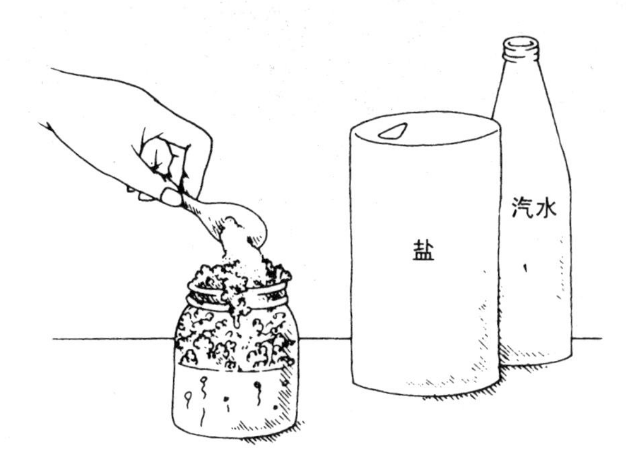

IV. 化学状态的变化

V. 物理状态的变化

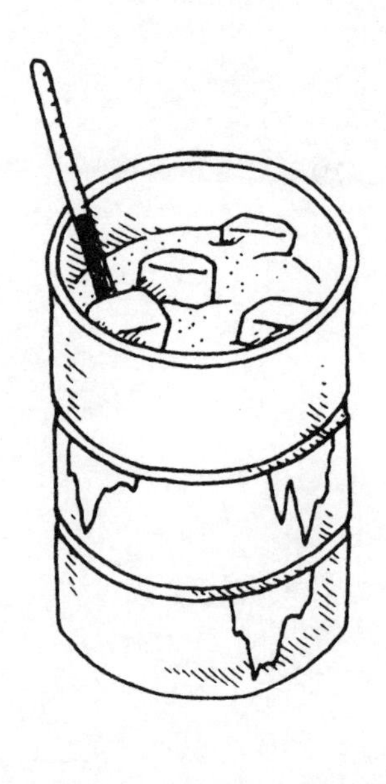

VI. 有趣的溶液

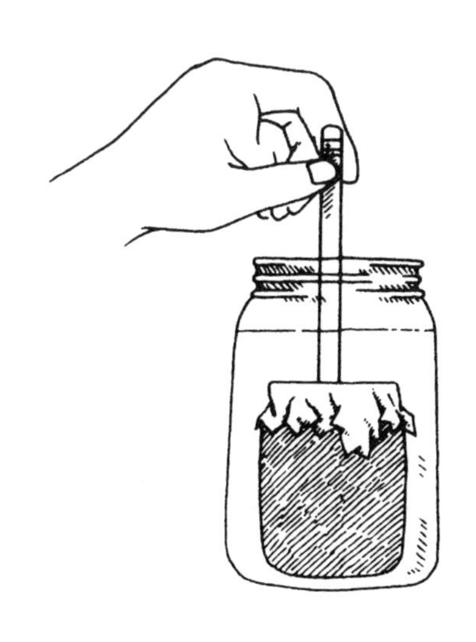

VII. 热

VIII. 酸性与碱性

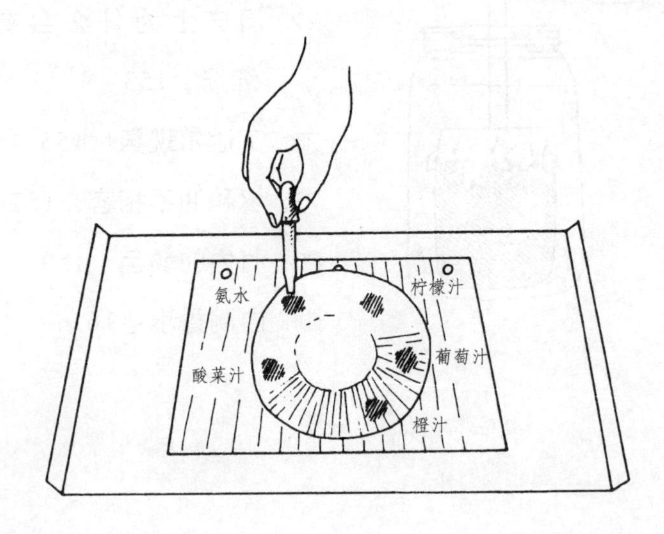

Ⅰ. 物质的性质

1. 掉下来的硬币

你将知道

惯性是物质的一种特性。

准备材料

一张卡片，一枚硬币，一只玻璃杯。

实验步骤

① 把卡片放在玻璃杯的杯口上。

② 将一枚硬币放在卡片上，硬币要放在杯口的中心。

③ 用手指快速、用力地把卡片弹出去。

实验结果

卡片会很快地弹出去，硬币会掉进杯中。

实验揭秘

最初卡片和硬币都是静止的。惯性是物质保持原有状态的一种特性。当你弹击卡片时，硬币由于惯性会保持静止状态，没有了卡片的支撑，重力作用会将硬币往下拉，使硬币掉到杯底。

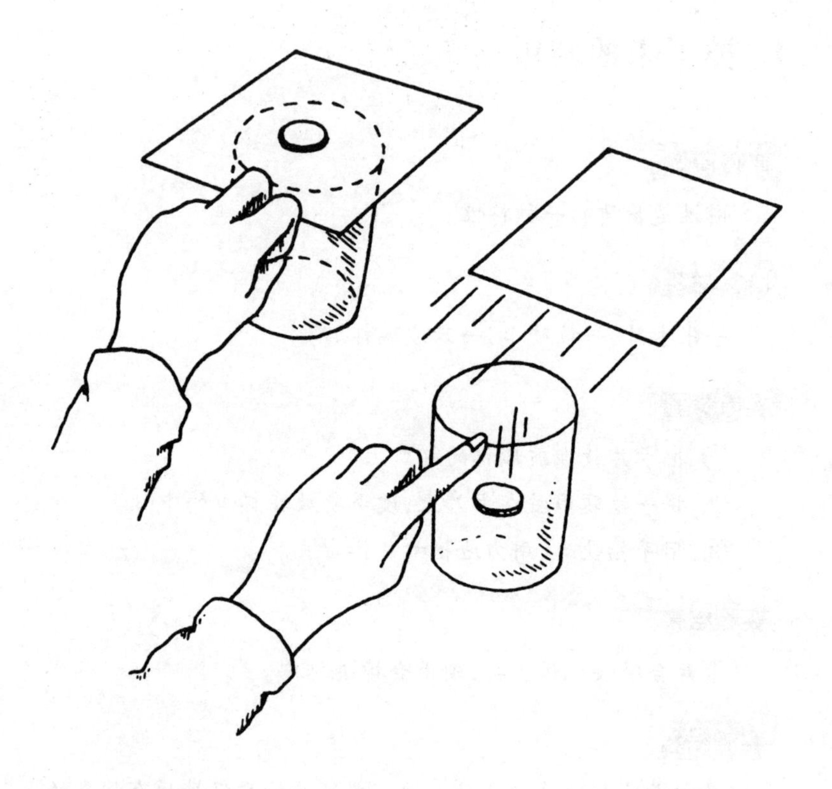

2. 橡皮泥里藏着什么

你将知道

如何知道看不见的东西是什么。

准备材料

一块橡皮泥，一根牙签。

实验步骤

① 请别人背对着你把某件小东西藏入橡皮泥里，然后将橡皮泥搓成球状。

② 你再用牙签从不同方向插入橡皮泥球中 15 次。橡皮泥必须始终保持球状。

③ 根据牙签插入橡皮泥球的深浅，猜出里面的物体的大小和形状。

④ 然后说出藏在橡皮泥里物体的名称。

实验结果

如果物体的大小和形状已经确定，如果这又是一个常见的物品，那么你就能猜出藏在橡皮泥里的物体了。

实验揭秘

根据牙签插入橡皮泥球的深浅，便可知道物体的大小和形状。同时当牙签与橡皮泥球中的物体接触时，你也能感觉到这个物体的软硬度。科学家在研究过程中，不看实物，就能判断物体的大小与形状。这种用来判断看不到的东西的科学方法，就称为“演绎推理”。

3. 谁能穿过小卡片

你将知道

如何观察物质的物理性质及其变化。

准备材料

一张长方形卡片(8 厘米 ×13 厘米),一把剪刀。

实验步骤

① 先仔细观察卡片的这些物理性质:颜色、形状、大小及手感(用手摸的感觉)。

② 如右页图中所示,将长方形卡片短的一边对折。

③ 如右页图中所示,用剪刀从卡片有折痕的长边处开始剪,当剪到离纸边 6 毫米的地方停住,不要将纸剪断。

④ 换相反的方向,在离第一次剪的地方约 6 毫米宽的地方再开始剪,当剪到离纸边 6 毫米的地方也停住,不要将纸剪断。

⑤ 重复③~④的步骤。

⑥ 如右页图中所示,从折痕 A 到折痕 B 都要剪开,并小心地将剪开的卡片拉开,就形成了一个大纸圈。

⑦ 再一次观察纸圈的物理性质(颜色、形状、大小、手感)。

实验结果

剪开的卡片,颜色和手感没有改变,但是形状和大小都已经改变了。长方形的卡片,剪过后变成了锯齿形的纸圈,而人的身体还能钻过这个纸圈。

实验揭秘

将一张小卡片按照上面的步骤裁剪，就能剪成一拉即开的大纸圈。

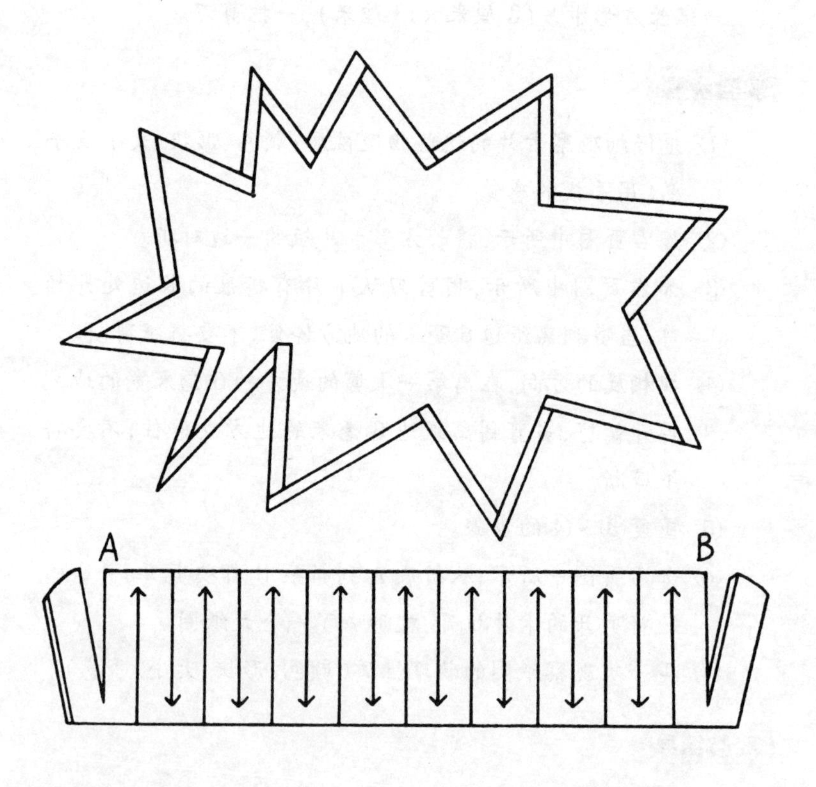

4. 会吸纸片的气球

你将知道

原子是由正电荷和负电荷组成的。

准备材料

一张纸,一台打孔机,一只小气球。

实验步骤

① 将纸用打孔机打出15～20片圆形小纸片。

② 将这些圆形小纸片分开撒在桌上。

③ 将气球吹鼓并扎紧气球口。

④ 将气球在你干净、干燥、无油的头发上摩擦5次。

⑤ 然后将气球靠近圆形小纸片,但不要碰到圆形小纸片。

实验结果

圆形小纸片会被气球吸引并粘在气球上。

实验揭秘

纸张是一种物质。所有的物质都是由原子组成的。在原子内部,带负电的电子会绕着带正电的原子核作高速运动。当气球与头发摩擦时,头发上的一部分电子会转移到气球上,使气球带负电。圆形小纸片上带正电的部分会被气球上带负电的部分吸引。当这种引力大过小纸片向下的重力时,小纸片就会被吸到气球上。

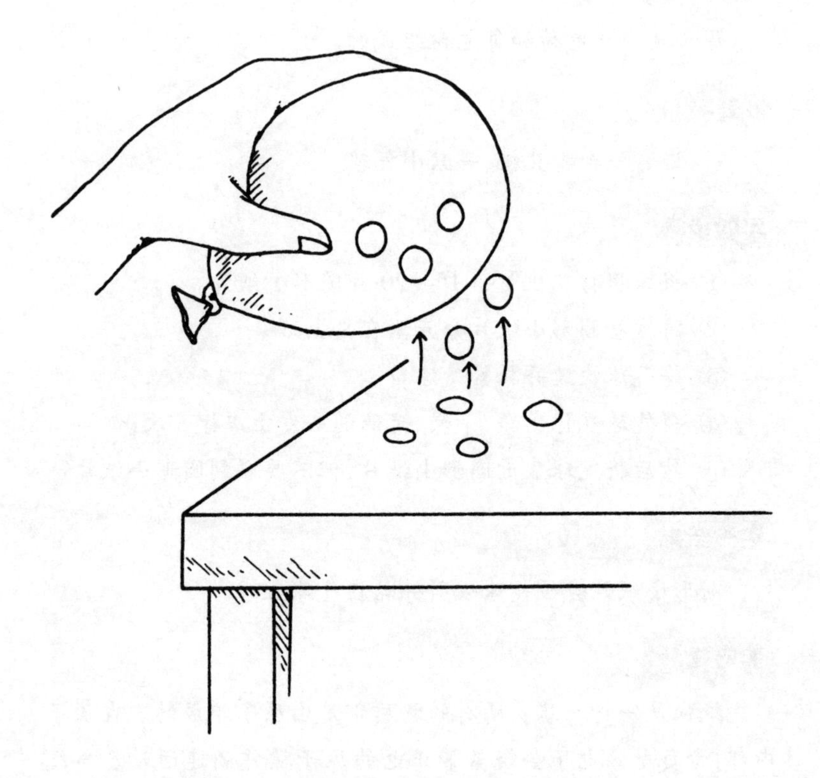

5. 会变魔术的气球

你将知道

如何不碰到牙签，又能使牙签移动。

准备材料

一只干净的塑料杯，一根扁平的牙签，一枚硬币，一只气球。

实验步骤

① 如右页图中所示，将硬币竖起。

② 顺着硬币的边缘，将牙签放在硬币上，使牙签保持平衡。

③ 用塑料杯轻轻地罩住硬币和牙签。注意：不要碰到硬币和牙签。

④ 将气球在你干净、干燥、无油的头发上摩擦几次。

⑤ 将气球摩擦过的一侧沿着塑料杯外围慢慢移动。

实验结果

杯里的牙签会跟着慢慢移动。

实验揭秘

所有的物质都是由原子构成的。在原子中，带负电的电子绕着带正电的原子核运动。当气球摩擦头发时，头发上的一部分电子会转移到气球上，使气球带负电。要使保持平衡的牙签移动，只需很小的力。当带负电的气球和牙签中带正电的部分互相吸引时，所产生的吸引力就能使牙签移动了。

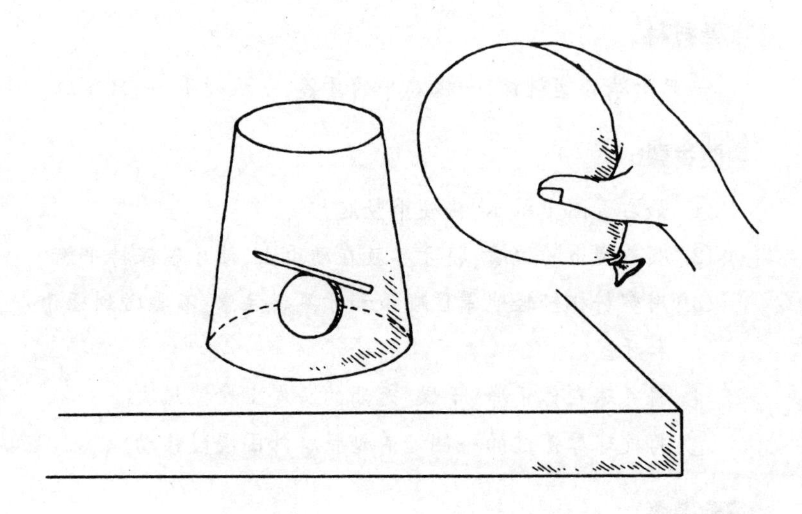

6. 如何知道分子在运动

你将知道

观察分子之间的移动情形。

准备材料

一瓶深色的食用色素液体，一只高的广口瓶。

实验步骤

① 把瓶子装满水。

② 往水里滴入两滴食用色素。

③ 立刻观察瓶内的情形。

④ 静置 24 小时以后，再观察瓶内的情形。

实验结果

食用色素刚开始会在水中形成有颜色的水柱；24 小时以后，食用色素与水混合成均匀的颜色。

实验揭秘

构成物质的原子和分子在不停地运动。虽然我们的肉眼看不见，但水分子确确实实是处于运动状态的。当你往水中滴入食用色素时，食用色素的分子会与运动的水分子相互推挤碰撞。只要时间足够长，食用色素分子会均匀地分布在水中。食用色素分子在水中移动直到在水中均匀分布的现象，就称为扩散。

7. 如何抓住空气

你将知道

空气也是一种物质,它占有一定的空间。

准备材料

一只塑料袋。

实验步骤

① 打开塑料袋口,抓住塑料袋的提手,将塑料袋在空中晃一晃,使它充满空气而鼓起。

② 用一只手封住袋口。

③ 用另一只手用力地挤压袋子。

实验结果

袋子不会被压瘪。

实验揭秘

由于袋子里有空气,空气分子会从塑料袋里向外推产生压力。当你挤压袋子,袋内的空气分子就会用力向外推,所以袋子不会变瘪。如果袋子外的压力足够大,使袋里的空气被大大压缩,袋子就会变瘪。但是不借助别的工具,单凭手的力量是无法产生这么大的力的。

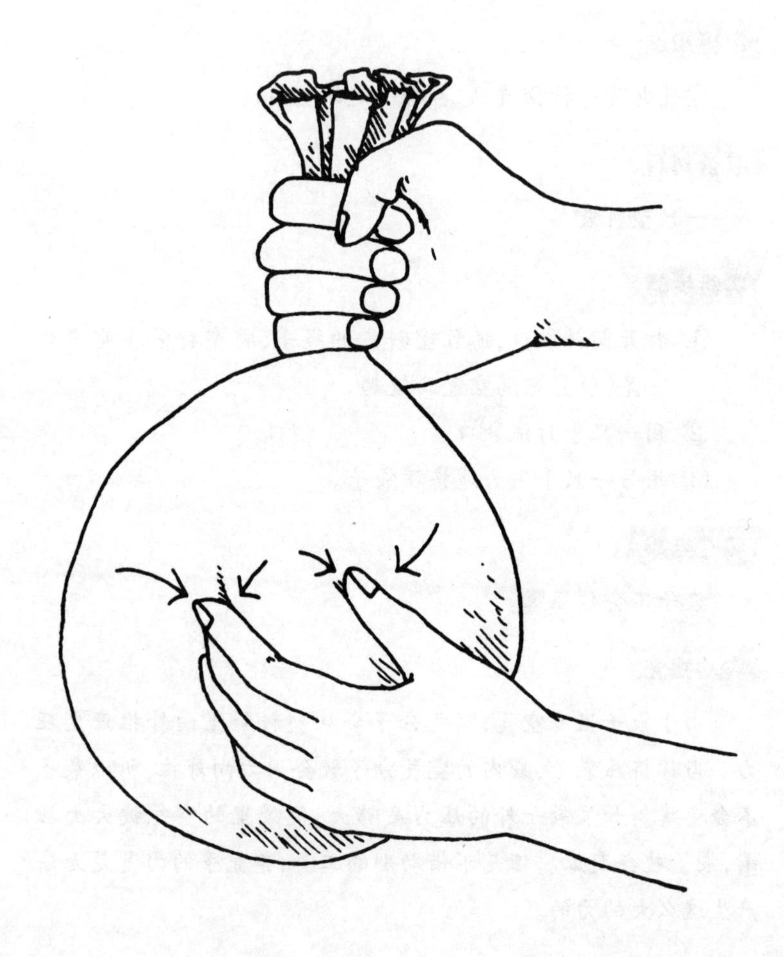

8. 如何将埋在下面的乒乓球露出来

你将知道

两样物体不能同时占有同一空间。

准备材料

一只带盖的广口玻璃瓶，一粒乒乓球（或核桃），一些米。

实验步骤

① 往瓶子中倒入约1/4瓶的米。

② 将乒乓球（或核桃）放入瓶内，然后盖上瓶盖。

③ 将瓶子倒立。

④ 如果球不能完全埋入米中，就往瓶中再加一些米，直到球能完全埋入米中。

⑤ 用力地前后摇晃瓶子，但不可上下摇动瓶子。

实验结果

乒乓球会浮在米上。

实验揭秘

米粒之间有空隙。当你前后摇晃瓶子时，米粒之间的空隙变小，米粒会靠得更近而下沉。两样物体不能同时占据同一空间。当米粒聚集时，乒乓球就会被米粒推出来。

9. 水面为什么会往上涨

你将知道

两样物体不能同时占有同一空间。

准备材料

一只玻璃杯，6 颗弹珠，一卷胶带纸。

实验步骤

① 往玻璃杯中加入半杯的水。

② 在杯子的外侧粘一段胶带纸，使胶带纸的上端与杯中的水面平齐。

③ 稍稍倾斜杯子，小心地将弹珠一颗一颗地滑入杯中。

④ 将杯子放直，观察此时杯中的水面位置。

实验结果

放入弹珠后，杯子中的水位变高了。

实验揭秘

水和弹珠都是物质，无法同时占据同一空间。所以，当你将弹珠放入水中时，弹珠就会占据水的一部分空间，水面就会往上升，以获得原有的空间。在这个实验中，上升的水的体积与杯子中弹珠的体积相等。

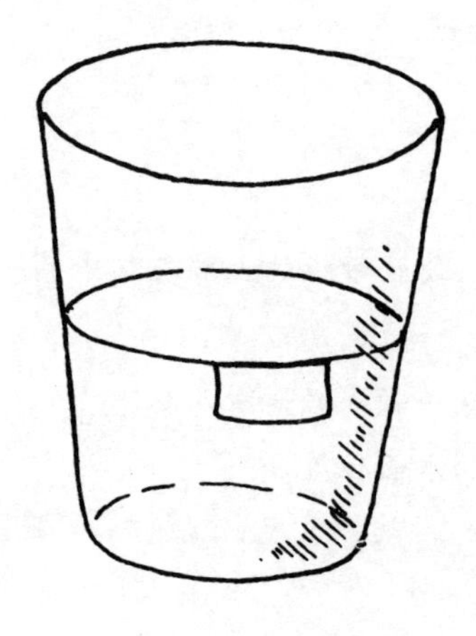

10. 吹不大的气球

你将知道

瓶中的气球为什么吹不大。

准备材料

一只窄口的空瓶子，一只气球(要能放入空瓶子里)。

实验步骤

① 把气球口抓住，将气球尾端塞入空瓶内。

② 将气球口在瓶口边缘往外翻，再往下拉，使气球固定。

③ 对着气球口用力吹气，试着让气球变大。

实验结果

气球只会大一点点。

实验揭秘

瓶子里充满了空气。当你将空气吹入气球以后，瓶子里的空气会互相挤压靠近。但是这种靠近很轻微，所以在瓶中的气球还是会受到瓶内空气的挤压，气球只能鼓起一点点。

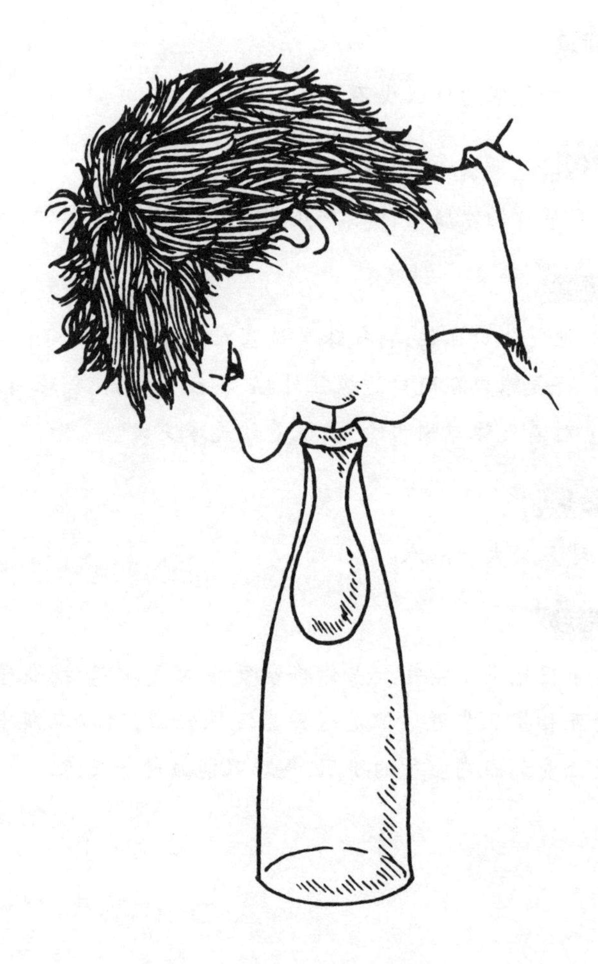

11. 如何使水面下的纸保持干燥

你将知道

虽然我们看不见空气,但是空气仍然会占据一定的空间。

准备材料

一只玻璃杯,一张白纸,一只水桶(要比玻璃杯高)。

实验步骤

① 将水桶装上半桶水。

② 把一张纸揉成一团压入杯底。

③ 将玻璃杯倒着放。纸团若会掉落,可将纸团弄松一些,使它能固定在杯底。

④ 将倒着的玻璃杯笔直插入已装了水的水桶里。
注意:这时杯子千万不能倾斜。

⑤ 把玻璃杯笔直地从水桶中拿出,杯子一定不能倾斜。取出杯内的纸团。

实验结果

纸团仍然是干的。

实验揭秘

玻璃杯里除了有纸团,还有空气。当你将玻璃杯笔直插入水中时,玻璃杯里的空气会阻止水桶里的水进入杯里,所以杯里的纸团仍然是干的。

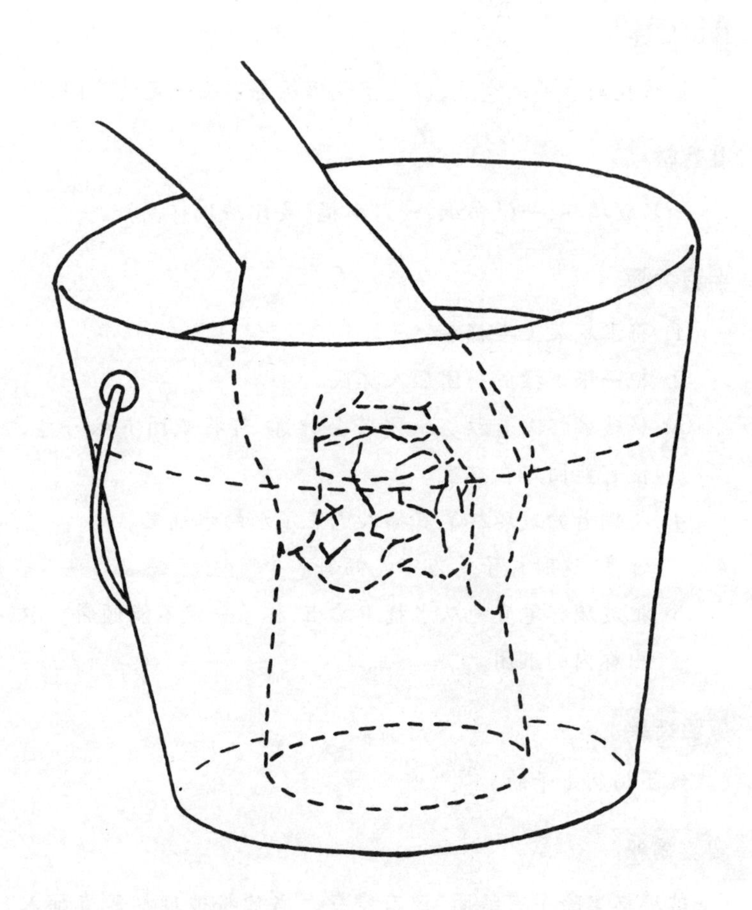

12. $1+1\neq 2$

你将知道

在现实生活中，有时 1+1 并不等于 2。

准备材料

一只透明的广口玻璃瓶，一杯糖，一只量杯(250 毫升)，一卷胶带纸，一支笔。

实验步骤

① 在玻璃瓶的瓶身外侧，从上至下垂直贴上一段胶带纸。

② 往瓶中倒入一杯水，然后在胶带纸上记下瓶中水面的位置，并写上“1”。

③ 再往瓶中倒入一杯水，然后在胶带纸上记下此时瓶中水面的位置，并写上“2”。

④ 将瓶里的水全部倒掉，并把瓶子擦干。这时的瓶子就变成了一只简易的计量瓶。

⑤ 往瓶里倒入一杯砂糖，确定瓶中砂糖的表面与瓶身上的刻度“1”平齐。

⑥ 往瓶里倒入一杯水。搅拌均匀。

⑦ 将这个计量瓶留住，以便后面的实验中使用。

实验结果

由一杯糖和一杯水搅匀的糖水的水面比刻度“2”低。

实验揭秘

水和糖都是物质，无法同时占据同一空间。当糖溶化在水中时，相互连结的糖分子之间存在着缝隙。水分子会穿入这些缝隙中，所以由一杯糖和一杯水搅拌形成的糖水体积变小，所以水面在计量瓶的刻度“2”之下。

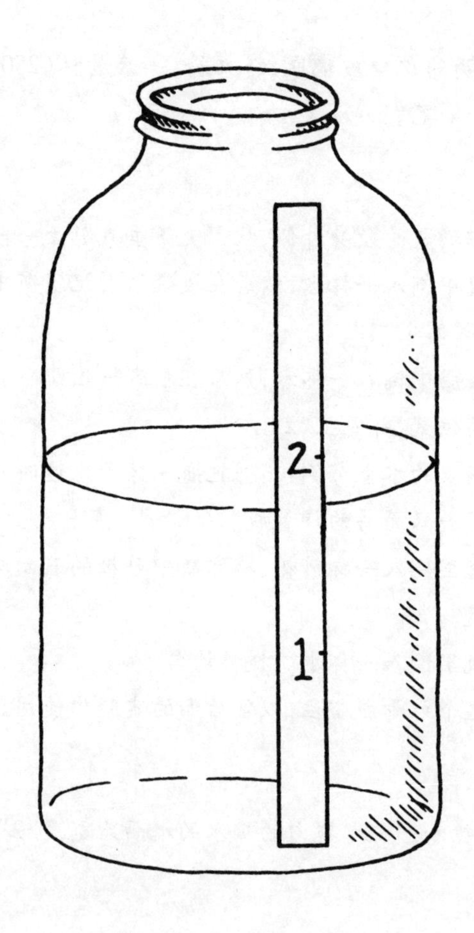

13. 溶液的体积怎么变小了

你将知道

水分子之间也会有间隙。

准备材料

一只透明的玻璃瓶,一只量杯(250 毫升),一卷胶带纸,一瓶消毒酒精,一些蓝色食用色素。

实验步骤

① 在玻璃瓶瓶身的外侧,从上到下垂直贴上一段胶带纸。

② 往瓶中倒进一杯水,然后在胶带纸上记下瓶中水面的位置,并写上“1”。

③ 再往瓶中倒进一杯水,在胶带纸上记下此时瓶中水面的位置,并写上“2”。

④ 将瓶内的水全部倒掉,并把瓶子擦干。这时的瓶子就变成了一只计量瓶。

⑤ 取一杯水,并往水中滴入 5 ~6 滴蓝色食用色素,使水变成蓝色。

⑥ 将蓝色的水倒入计量瓶内。

⑦ 然后再往计量瓶里倒入一杯消毒酒精。

⑧ 观察溶液的高度有何变化。

实验结果

溶液高度低于计量瓶内的“2”的刻度位置。

实验揭秘

互相连接的水分子之间,会有口袋般的间隙。当酒精与水混合时,酒精分子会穿插在水分子的缝隙中。所以酒精和水的混合液的体积会变小。

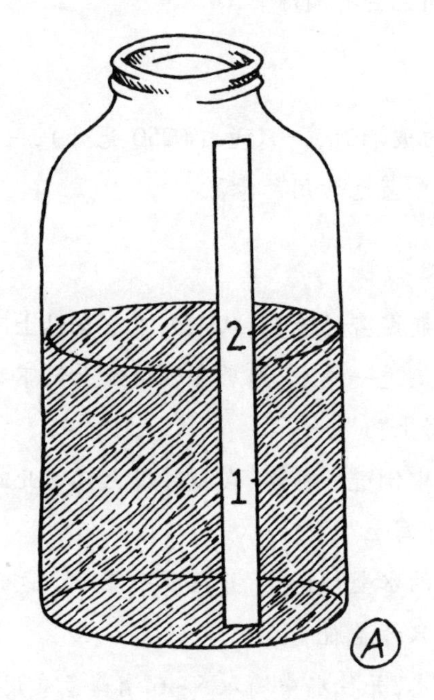

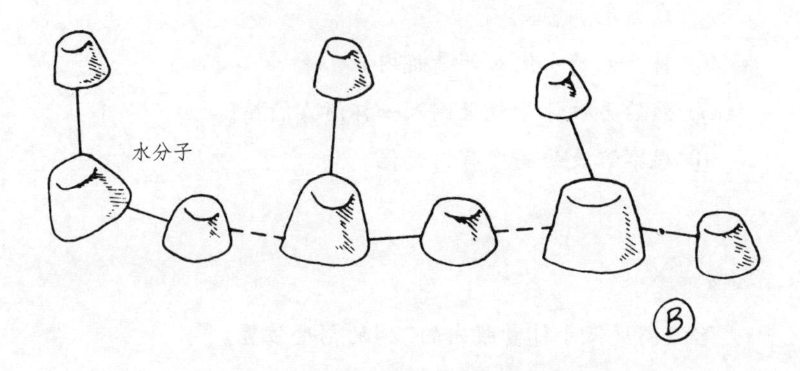

14. 时沉时浮的滴管

你将知道

滴管会随着管内液体的比重改变而在水中沉浮。

准备材料

一只窄口汽水瓶，一根滴管（可放入瓶内），一只气球（充满气后，直径约为 13 厘米）。

实验步骤

① 将瓶子装满水。

② 用滴管吸一点水，然后将滴管放入瓶中，滴管要能浮上来。如果滴管下沉，则将滴管里的水挤掉一些，直到滴管浮起来。

③ 再次加满瓶内的水。

④ 把气球口套在瓶口上。

⑤ 将气球一压一放，观察滴管有何变化。

实验结果

瓶子里的滴管一会儿沉下去，一会儿浮起来。

实验揭秘

当你一压气球时，水就会跑进滴管，使滴管变重，滴管就会下沉。当你一放气球时，瓶内的压力减小，多余的水会从滴管内跑出，滴管变轻所以会浮起来。由于滴管的大小始终不变，因此可以说是滴管的比重改变了。比重是指单位体积内物体的重量。

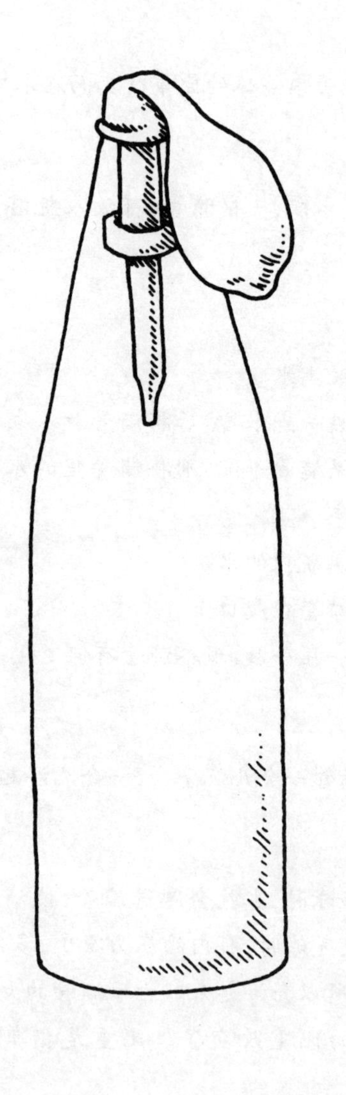

15. 魔水

你将知道

蛋在比重不同的液体中的情形。

准备材料

两只透明的塑料杯,一些盐,两只小一点的生鸡蛋,一些牛奶,一把汤匙(15 毫升),一把茶匙(5 毫升)。

实验步骤

① 将两只杯子都装上 3/4 杯的水。

② 往其中一只杯中加入 1/4 茶匙的牛奶。

③ 往另一只杯中倒进 3 汤匙的盐,然后搅拌均匀,然后用笔在杯子外侧写上“魔水”。

④ 把两只生鸡蛋分别放入两只杯中。

注意:每次接触生的禽蛋以后,一定要去洗手,因为生的禽蛋外壳上会带有有毒的细菌。

实验结果

在有“魔水”的杯子中,蛋会浮起来;而在另一只杯子中,蛋则会往下沉。注意:在“魔水”中的蛋如果无法浮起来,必须再往水中加些盐,直到蛋能浮起来。

实验揭秘

在这个实验中,魔水就是盐水。往一只杯子中加少许牛奶,只是为了达到与盐水看起来同样是白色的效果。在盐水中,由于蛋比盐水轻,所以蛋会浮起来。而在另一只杯子中,由于蛋比水重，所以蛋会下沉。

Ⅱ. 神奇的力

16. 只用手指一点,冷水也能变“开水”

你将知道

未经加热的水,只要用手指轻轻一点,水就会“沸腾”。

准备材料

一块棉质手帕,一只透明的玻璃杯(表面光滑),一根橡皮筋。

实验步骤

① 用水将手帕弄湿,轻轻绞干多余的水分,使水不会从手帕上滴下来。

② 将玻璃杯装满水。

③ 把湿手帕罩住玻璃杯口。

④ 在玻璃杯的中间用橡皮筋箍住手帕,使手帕紧贴玻璃杯。

⑤ 用手指将杯口的手帕轻轻压入水面下约 2.5 厘米的深度。

⑥ 将玻璃杯拿起来,用单手托住杯底,然后用另一只手快速地将玻璃杯倒立。此时玻璃杯会流出少量的水,所以最好在水槽内做这个实验。

⑦ 一只手握住倒立的玻璃杯底,让手帕的边缘自然垂下,另一只手轻压杯底,使手帕更深入玻璃杯里。

实验结果

杯里的水并不会流出来，而且还会往上冒泡，好像在沸腾。

实验揭秘

棉质手帕含有细微的棉纤维组织，这些组织之间有间隙。当手帕完全变湿时，这些间隙间会充满水。水分子会互相吸引而形成薄膜状，从而封住手帕的棉纤维组织间隙，所以玻璃杯中的水不会穿透手帕而流出来。

将玻璃杯倒立，用手指将手帕往里压时，手帕会被拉伸。此时，杯内的上方会形成真空部分，加上外面的空气透过手帕进入而在水中形成小泡泡，看起来就好像水在沸腾一样。

17. 变得更绿的芹菜

你将知道

如何改变芹菜叶的颜色。

准备材料

一根新鲜的芹菜,一些绿色的食用色素,一只透明的玻璃杯,一把小刀。

实验步骤

① 将玻璃杯装上 1/4 杯的水。

② 往水中加入绿色的食用色素,使水变成深绿色。

③ 用小刀切除芹菜的根部。

④ 将芹菜放入深绿色的溶液中。

⑤ 静置 24 小时以后,再观察芹菜的情形。

实验结果

原本淡绿色的芹菜变成了深绿色。

实验揭秘

植物的茎部至叶子里都有导管,深绿色的溶液可从茎部直通至叶子。把芹菜置于深绿色的溶液中,由于导管里的空气压力比管外低,因此,杯内的水会在房间内空气压力的作用下沿着导管往上移动。而芹菜叶会变成深绿色,这可证明水是往上升的。这种液体在植物导管中移动的现象,就称为“毛细作用”。

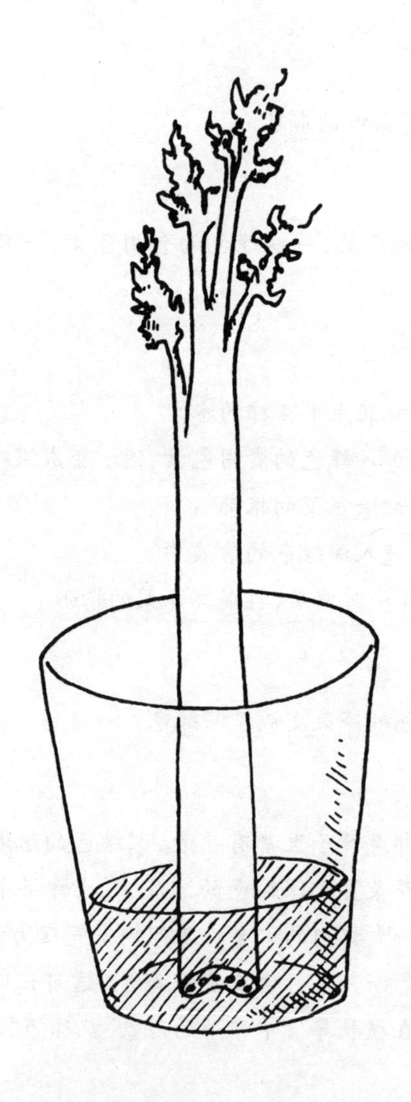

18. 水分子“拔河”

你将知道

水分子之间有相互拉动的力量。

准备材料

3根牙签,一瓶洗洁精,一只玻璃盆。

实验步骤

① 在玻璃盆里倒入3/4盆的水。

② 将两根牙签平放在水面中央。

③ 将第三根牙签的一端蘸上少许的洗洁精。

注意:牙签上的洗洁精只要少许即可。

④ 将牙签蘸有洗洁精的那一端,放在浮在水面上的两根牙签的中间。

实验结果

浮在水面上的两根牙签会立即分开。

实验揭秘

水的表面好像一张拉紧的薄膜,这是因为水分子会互相吸引,所以轻的物体能浮在水面上。当洗洁精接触水面时,就会破坏周围水分子彼此之间的吸引力,水分子往外移动,就带动了水面上的牙签,所以两根牙签会立即分开。这种情形就好像水分子在拔河,双方正势均力敌之时,绳一断,拔河的双方都会往后倒一样。

洗洁精

19. 水和酒精，谁跑得更快

你将知道

水和酒精的拉力差异。

准备材料

一张边长为30厘米的正方形铝箔纸，一瓶食用色素（红色或蓝色），一瓶消毒酒精，一根滴管，两只玻璃杯。

实验步骤

① 将一只玻璃杯装上半杯水，然后往水中滴入几滴色素，形成深色溶液。

② 将另一只玻璃杯装上1/4杯的酒精。

③ 将铝箔纸平放在桌面上。

④ 在铝箔纸上倒少量的深色溶液。

注意：铝箔纸上的溶液越薄越好。

⑤ 用滴管在铝箔纸上深色溶液的中间滴一滴酒精。

实验结果

水会四处散开，而酒精则会在铝箔纸上形成薄薄的一层。因为水分子有拉力，所以水与酒精的交界处会形成波纹。

实验揭秘

水面上的水分子会以同样的力量从不同方向互相拉着，形成一层薄膜。当酒精一接触到水，两种液体彼此会立刻分开，也就是酒精想向外逃，水也想向外逃。结果，水占优势，扩散到酒精的外侧，而向外逃的酒精分子会使这滴酒精在铝箔纸上形成一层薄膜。此外,水分子又会互相重叠,所以在酒精薄膜的周围会形成波浪状,这是因为水分子和酒精分子彼此相拉而颤动着,这种情况要一直持续到两种液体完全均匀混合后才停止。

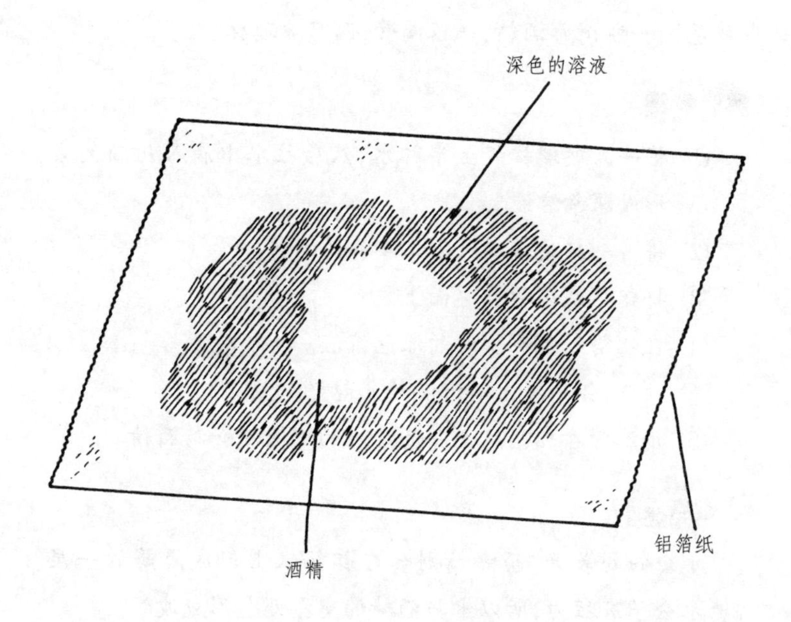

20. 输给重力

你将知道

当表面张力弱的时候，表面张力会受重力的影响。

准备材料

一瓶消毒酒精，一只小玻璃瓶，一根吸管，一瓶红色或蓝色的食用色素，一团橡皮泥(弹珠般大小)。

实验步骤

① 将橡皮泥压入瓶底。

② 将瓶子装上半瓶酒精。

③ 再滴入三四滴食用色素，搅匀。

④ 把吸管慢慢地放进瓶内，吸管的下端插入橡皮泥中，使吸管可以直立。

⑤ 在水槽内，将瓶子快速倒立。

⑥ 然后再把瓶子反过来放在桌面上。

⑦ 观察吸管内的液体情形。

实验结果

有颜色的酒精会从瓶子和吸管里流出来。

实验揭秘

由于酒精分子之间的吸引力不大，所以吸管内的空气压力无法支撑酒精，再加上向下的重力，酒精就会从吸管里流出来。如果不用酒精而改用水，情况会怎样呢？你可以接着做下一个实验，比较一下有何不同。

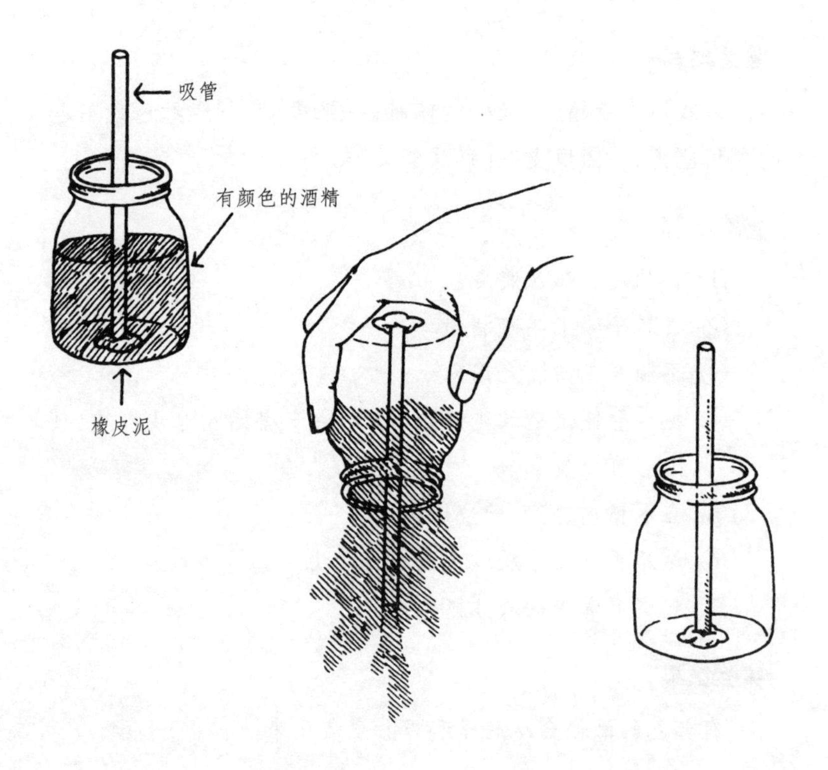
吸管
有颜色的酒精
橡皮泥

21. 赢了重力

你将知道

比重力大的力量。

准备材料

一只小玻璃瓶，一根吸管，一瓶红色或蓝色的食用色素，一团橡皮泥（弹珠般大小）。

实验步骤

① 将橡皮泥压入瓶底。

② 将瓶子装上半瓶水。

③ 再往瓶子中滴入三四滴色素，搅匀。

④ 把吸管慢慢地放进瓶内，将吸管的下端插入橡皮泥中，使吸管可以直立。记下吸管内水的高度。

⑤ 在水槽内，将瓶子快速倒立。

⑥ 然后再把瓶子反过来放在桌面上。

⑦ 如果吸管内有液体，看看其高度。

实验结果

有颜色的水仍然会留在吸管内。吸管内水的高度与瓶子倒立之前水的高度一样。

实验揭秘

水分子会互相吸引。水面上的水分子会以同样的力量互相拉动，而形成一层薄膜。当瓶子倒立时，吸管内的空气压力会将水往上推，加上水分子之间的吸引力，比水往下掉的重力大，因此，水仍然会留在吸管内。

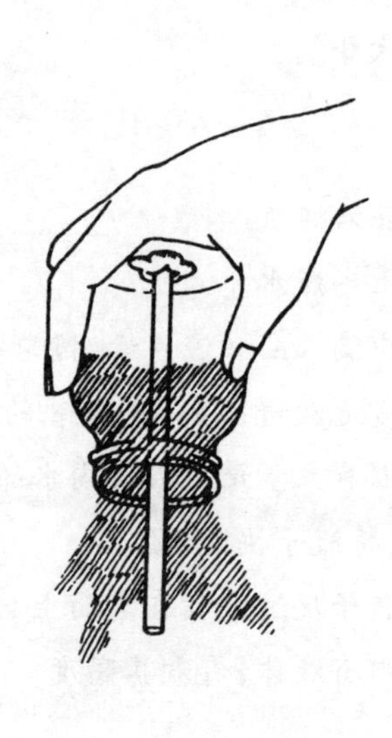

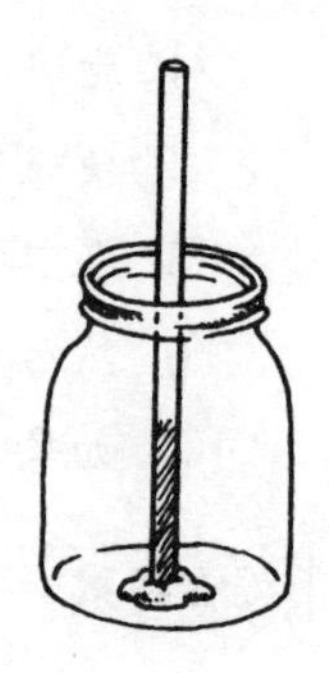

22. 水面为什么会高出容器边缘

你将知道

水面会高出容器边缘。

准备材料

一只茶杯,几枚回形针,一根滴管。

实验步骤

① 将茶杯装满水。

② 用滴管往茶杯里滴水,直到水快溢出时才停止。

③ 一次将一枚回形针放进茶杯里,观察水面的高度。直到水溢出时才停止。

实验结果

水面会比茶杯边缘高,并且呈鼓起的状态。每放进一枚回形针,水面就更高一些,最后水会越过杯缘流出。

实验揭秘

水分子会互相吸引,彼此拉动,产生一种表面张力,所以水的表面会鼓起并高出容器边缘。当水的表面鼓到水分子无法"手拉手"时,水就会溢出。

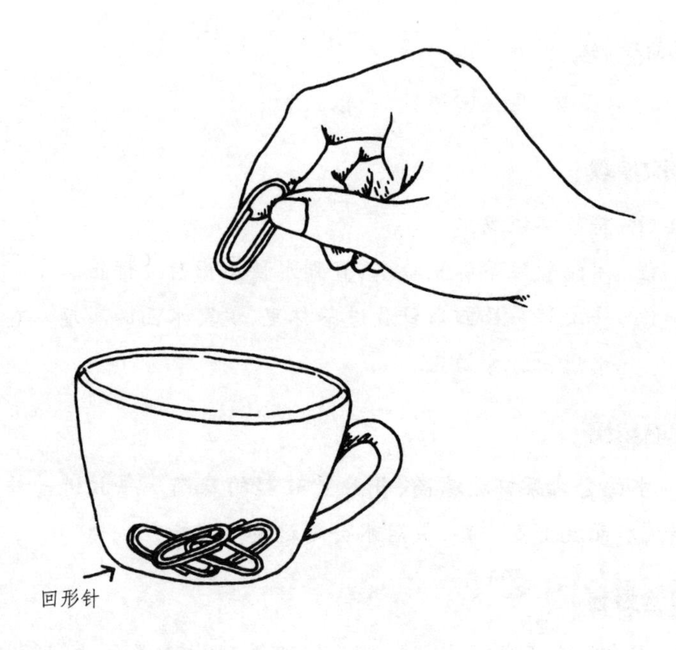
回形针

23. 任性的纸片

你将知道

纸片好像会依自己的意愿而移动。

准备材料

一张纸,一台打孔机,一只直径为 5 厘米的玻璃杯,一根滴管,一根牙签。

实验步骤

① 用打孔机在纸上打下 3 ~4 片圆形小纸片。

② 将杯子装上 3/4 杯的水。

③ 等到水平静无水纹后,往水面的中央放入一片圆形小纸片。几秒钟以后,圆形小纸片会向边缘移动。

④ 将剩余的圆形小纸片都放进水中,然后用牙签将圆形小纸片拨至水的中央。观察圆形小纸片的移动情形。

⑤ 把圆形小纸片全部拿出来,然后在玻璃杯内加满水,再用滴管往杯里慢慢加水,直到水快要溢出时才停止。

⑥ 待水面平静无纹后,把圆形小纸片再放入水的中央。

⑦ 用牙签小心地把圆形小纸片移至杯边,然后拿掉牙签。此时要小心,不要让水溢出来。观察纸片的运动情形。

实验结果

当杯里的水未满时,水中央的小纸片会向两旁移动;当杯里的水很满时,圆形小纸片会向水中央移动。

实验揭秘

当水未满时，水分子之间虽有相互的拉力，但仍被玻璃分子强拉过去，因此小纸片会跟着水分子向杯边移动。而在水面快溢出的玻璃杯中，因为上面的水分子没有接触到玻璃分子，所以不会被玻璃分子强拉着。这时由于水分子之间的相互拉力，小纸片会向水中央聚集。

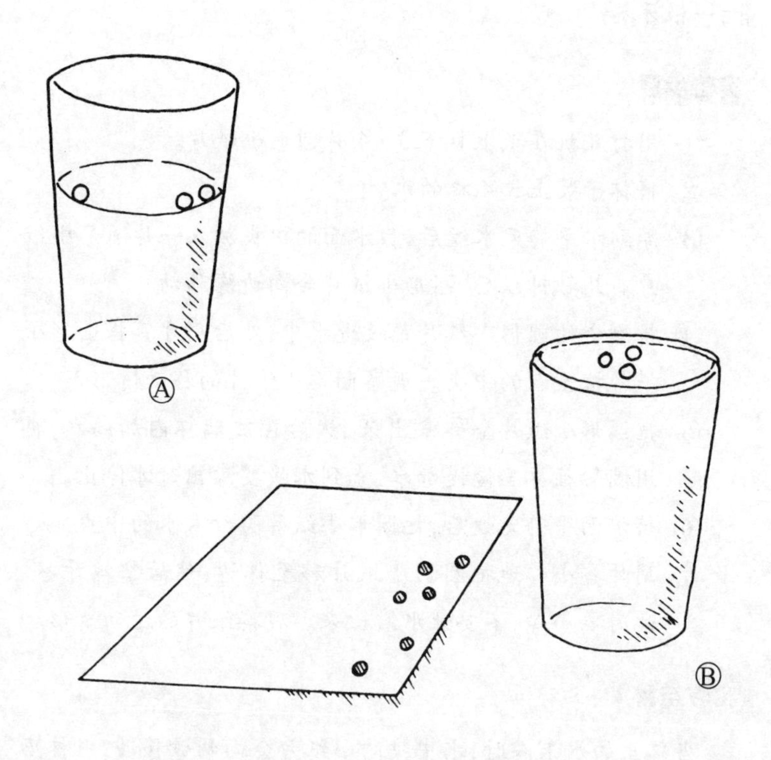

24. 会吸引水珠的牙签

你将知道

水分子之间相拉的情形。

准备材料

一张正方形蜡纸(边长为30厘米),一根牙签,一根滴管。

实验步骤

① 把蜡纸平摊在桌面上。

② 用滴管在蜡纸上滴3~4滴水。

③ 将牙签用水弄湿。

④ 将牙签的尖端靠近蜡纸上的一滴水珠,但不要碰到水珠。然后在其他的水珠上重复这一步骤。

实验结果

水珠会向牙签方向移动。

实验揭秘

水分子相互之间有吸引力,这种吸引力能大到将水珠向牙签方向移动。水分子之间有吸引力,是因为每个水分子都带有正电荷和负电荷。由于电荷异性相吸,所以一个水分子的正电荷会吸引另一个水分子的负电荷。

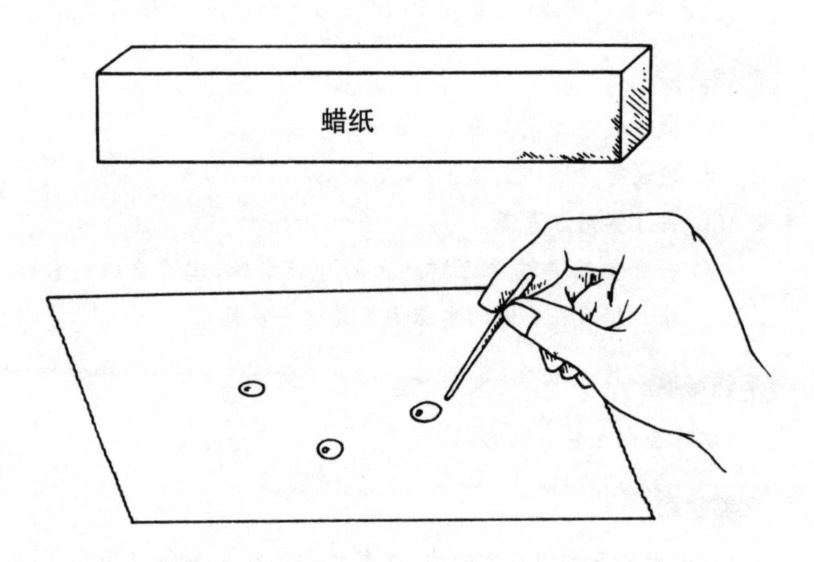
蜡纸

25. 小溪流为什么能汇成大河

你将知道

小溪流为什么能汇成大河。

准备材料

一只纸杯(180 毫升以上),一支铅笔。

实验步骤

① 用铅笔在纸杯一侧靠近纸杯底部的地方戳 4 个靠得很近的洞。

② 将纸杯放在水槽的一边,有洞的一面朝向水槽的中央。

③ 往杯里倒满水。

④ 用你的拇指和食指去抓从 4 个洞里流出的水流。

实验结果

水从 4 个洞里分别流出。用手指去抓这 4 股水流,水会汇合在一起。纸杯的洞必须靠近一些,水才容易汇合在一起。若洞相距太远,则不容易汇合。

实验揭秘

水分子之间有着相互的吸引力。在这个实验中,不同洞里的水分子会拉近,汇成大的水流。

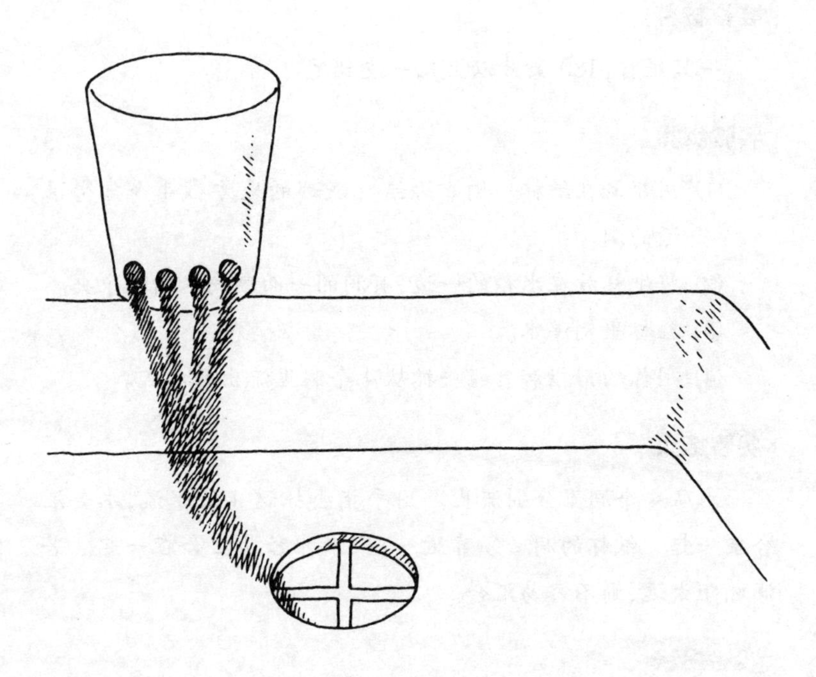

26. 洗发香波与洗洁精有何不同

你将知道

洗发香波与洗洁精有何不同。

准备材料

一瓶洗发香波，一瓶洗洁精，两根牙签，一瓶痱子粉，两只碗。

实验步骤

① 将两只碗都装满水。

② 在两只碗里的水面上撒上一层薄薄的痱子粉。

③ 用牙签的一端醮点洗发香波，然后将它轻轻插入一只碗里的水面中央。

④ 观察碗里痱子粉的运动情形。

⑤ 用另一支牙签的一端醮点洗洁精，然后将它轻轻插入另一只碗里的水面中央。

实验结果

当水面上的痱子粉与洗发香波接触时，痱子粉会聚集成块；当水面上的痱子粉与洗洁精接触时，痱子粉会往碗边下沉。

实验揭秘

痱子粉是不溶于水的，所以会浮在水面上。在水未接触到洗发香波或洗洁精之前，水面上的水分子会以相同的拉力牵制，形成一张薄膜。当水接触到洗发香波时，水分子之间的相互拉力会被破坏，水分子会往外移，从而使痱子粉形成块状向外侧移动。洗洁精则与洗发香波不同，洗发香波是中性的界面活性剂，而洗洁精是偏湿的界面活性剂，所以会迅速地扩散并盖住固体的表面。当水中加入洗洁精时，洗洁精会溶解于水中，并迅速盖住痱子粉，痱子粉就会下沉到碗底。

27. 魔纸

你将知道

分子之间有互相吸引的力。

准备材料

一瓶浆糊，一张报纸，一把剪刀，一瓶痱子粉。

实验步骤

① 将报纸平铺在桌面上，在半张报纸上薄薄地涂上一层浆糊。

注意：要这使这半张报纸上都有浆糊分布。

② 静置 5 分钟，使报纸变干，触摸时不会有黏乎乎的感觉。

③ 把痱子粉撒在涂满浆糊的报纸上，用手轻抹痱子粉，使其均匀地分布在报纸上。然后剪 4 条各 2.5 厘米宽的一样大的纸条。

④ 把两张纸条有痱子粉的一面相向叠在一起。

⑤ 如右页图Ⓐ所示，不要用剪刀前端的刀锋剪，用剪刀后端的夹角处平着剪下两张纸条的一端。

注意：小心剪，不要有挤压的现象。

⑥ 轻轻拿起其中一张纸条的一端并举高，使纸条自然垂下而伸长。观察此时纸条的情形。

⑦ 另外再拿两张纸条，让抹痱子粉的面相向接触。

⑧ 将两张纸条的一端以 45 度的方向裁剪，如右页图Ⓒ所示。

⑨ 把其中一张纸条的一端举高。

实验结果

如图Ⓑ、图Ⓓ所示，经裁剪的两张纸条，会在裁剪处粘在一起。

实验揭秘

当被痱子粉盖住浆糊的两张纸条相向接触时，两张纸条并不会粘住。但用剪刀剪纸时，由于剪刀的压力作用，切口处会有少许浆糊被压住。由于浆糊分子会互相吸引，因此会封住两张纸条的切口处，使剪断后的两张纸条粘在一起。

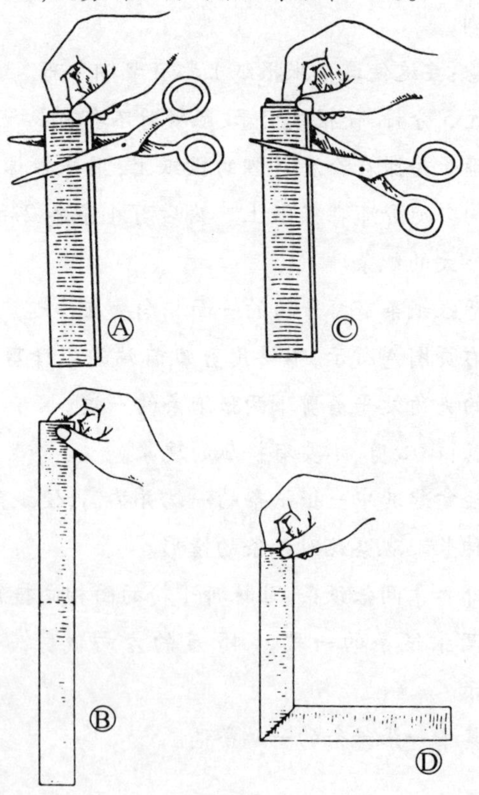

28. 夹在中间的油珠

你将知道

重力对浮在液体中物体的影响。

准备材料

一只透明的玻璃杯,一瓶消毒酒精,一只量杯(250 毫升),一瓶食用油,一根滴管。

实验步骤

① 往玻璃杯里倒入半量杯的水。

② 将玻璃杯稍稍倾斜,再慢慢倒入半量杯的酒精。

注意:小心不要摇动玻璃杯,以免水和酒精相混合。

③ 用滴管吸取食用油。

④ 将滴管口浸入玻璃杯里的酒精下,挤出几滴食用油。

实验结果

酒精会浮在水面上,滴入的油会形成油珠浮在水和酒精之间。

实验揭秘

酒精比水轻,当你将酒精和水放入同一容器中时,酒精会浮在水面上。如果摇动玻璃杯,酒精和水会混合在一起。油比水轻但比酒精重,所以油珠会浮在酒精和水之间。

在这个实验中,重力不会影响到油珠,是因为油被液体分子包围时,周边有同样的力量在互相拉着。油分子之间也有吸引力,所以形成了表面积最小的球状。

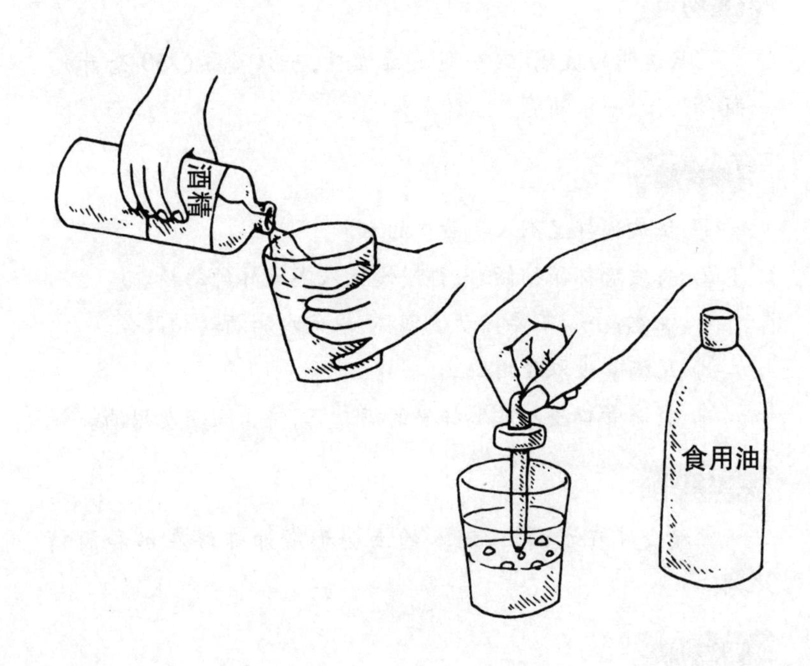
酒精
食用油

29. 自制肥皂泡

你将知道

如何制造能吹出泡泡的肥皂液。

准备材料

一瓶洗洁精，一根 25 厘米长的铁丝，一只量杯(250 毫升)。

实验步骤

① 将量杯装上半杯的洗洁精。

② 然后往量杯里倒满水，搅拌均匀。

③ 在铁丝的一端绕出一个直径为 3 ~4 厘米的铁圈。

④ 把铁圈放进溶液中，铁圈内会出现一层薄膜。

⑤ 把铁圈放在离嘴巴约 10 厘米的地方。

⑥ 轻轻吹动铁圈上的那层薄膜。

实验结果

你会吹出肥皂泡。如果铁圈里的薄膜破了，要重新将铁圈放进溶液中，再轻轻、慢慢地取出铁圈。如果无法吹出肥皂泡，则需再加洗洁精，直到可以吹出肥皂泡为止。

实验揭秘

洗洁精分子和水分子混合时，洗洁精分子与水分子会形成头尾相连的“之”字形。正因为这种不规则的形状，当你对着铁圈吹气时，溶液会往外扩展延伸，“头尾”相连而形成泡泡。

Ⅲ. 搞怪的空气

30. 汽水里为什么会有泡泡

你将知道

打开汽水瓶，汽水里为什么会冒出很多泡泡。

准备材料

一只小玻璃瓶，一瓶汽水。

实验步骤

① 将汽水瓶的瓶盖打开。

② 往玻璃瓶里倒入半瓶汽水。

③ 将玻璃瓶放在桌上，观察瓶子里的汽水。

实验结果

小泡泡会不停地从汽水中冒出。

实验揭秘

汽水（碳酸饮料）是在加了香料的水中溶入大量的二氧化碳而制成的：用高压的方法将二氧化碳压进液体中，然后立刻用瓶盖封住瓶口。当你将汽水瓶的瓶盖打开时，瓶子里的压力变小，二氧化碳就会变成气泡从汽水里冒出来。

汽水

31. 往汽水中加盐，会发生什么现象

你将知道

往汽水中加盐，汽水会大量起泡。

准备材料

一只小玻璃瓶，一瓶食盐，一瓶汽水，一把茶匙(5毫升)。

实验步骤

① 打开汽水瓶的瓶盖。

② 往玻璃瓶里倒入半瓶汽水。

③ 再往里加入一茶匙的食盐。

实验结果

小泡泡会溢出瓶口。

实验揭秘

汽水中的小泡泡是二氧化碳。盐和二氧化碳都是物质，无法同时占有同一空间。当你把食盐放入汽水中时，盐会把二氧化碳推挤出水面形成大量的气泡。别的物质挤占气体所在空间的现象，就叫做泡腾(冒泡)。

你知道吗？泡腾片是以适宜的酸和碱制成的一种片剂。泡腾片入水后，会产生大量的二氧化碳气体从而迅速溶解，药物起效迅速，生物利用度高。如常见的维生素C泡腾片，泡腾完毕后，即为一杯酸甜可口的饮品。

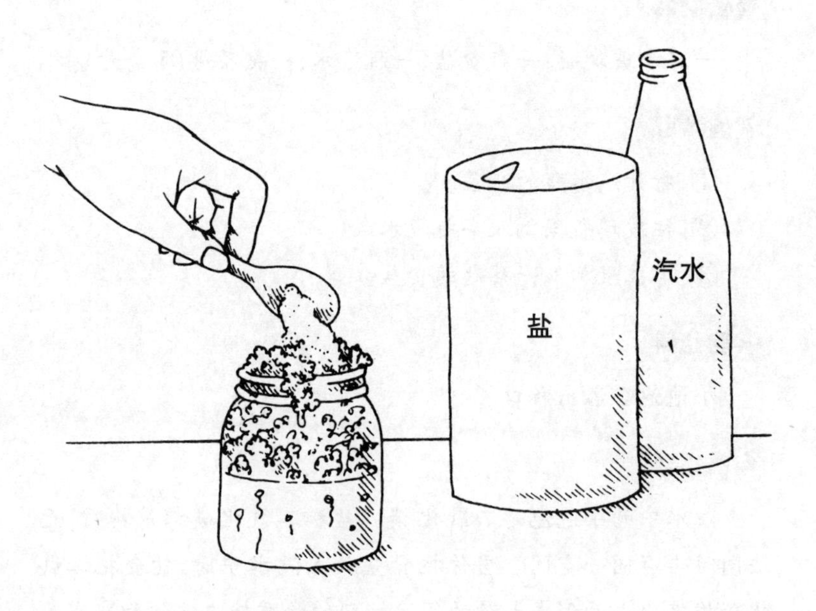
汽水
盐

32. 软木塞为什么会从瓶口飞出来

你将知道

软木塞从瓶口飞出的原因。

准备材料

一只空的汽水瓶，一瓶凡士林，一包干燥的发酵粉，一些砂糖，一把茶匙(5 毫升)，一只软木塞(能塞住汽水瓶)。

实验步骤

① 把半包发酵粉倒进汽水瓶里。

② 往汽水瓶里倒入半瓶温水。

③ 再往汽水瓶里加入一茶匙砂糖。

④ 用你的大拇指堵住瓶口，然后用力摇动瓶子，使瓶子里的东西混合均匀。

⑤ 在软木塞周围涂上凡士林。

⑥ 用软木塞封住瓶口。

⑦ 将瓶子放在地上。

实验结果

几分钟以后，软木塞会自动从瓶口飞出。

实验揭秘

发酵粉是由鲜酵母经低温干燥而成的活性干酵母。酵母能用糖和氧制造能量，同时释放出二氧化碳。在这个实验中，二氧化碳会在瓶中不断增加，使瓶内的气压增大。当瓶子里的气压增大到一定程度时，就会产生巨大的推力，将软木塞推出瓶口。

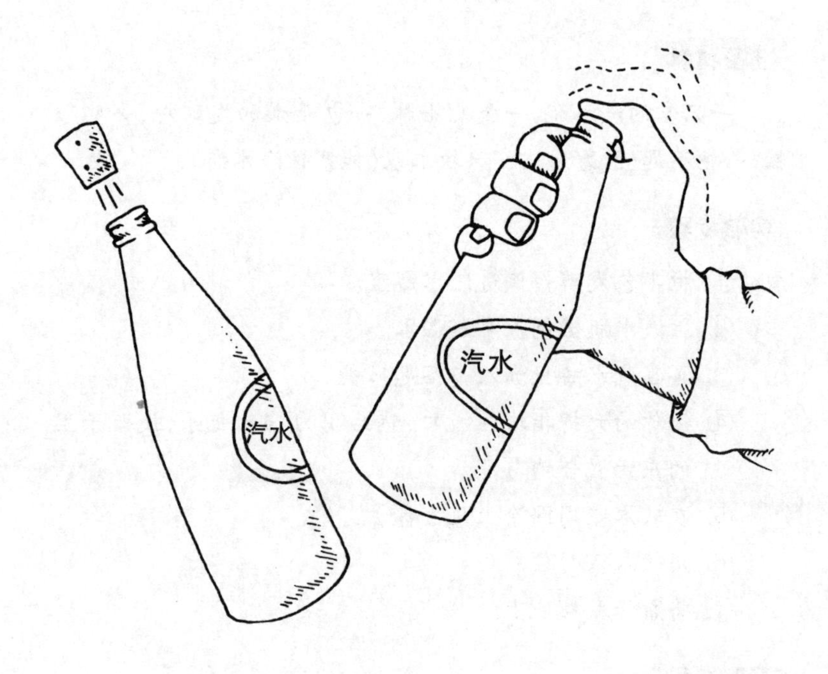
汽水
汽水

33. 制作石灰水

你将知道

如何制作用来检验二氧化碳的试剂。

准备材料

一些石灰，一把汤匙(15 毫升)，两只带盖的广口瓶(1 升)。

实验步骤

① 将一只广口瓶装满水。

② 往装水的广口瓶中加入一汤匙石灰，搅拌均匀。

③ 盖紧瓶盖，静置一夜。

④ 将静置一夜的透明溶液慢慢倒入另一只广口瓶中。

注意：瓶底沉淀的石灰不要倒入。

⑤ 然后盖紧瓶盖。瓶内的石灰水可以用来检查二氧化碳是否存在。

实验结果

液体原先呈乳白色、不透明状。静置一夜以后，溶液已完全变为清澈透明，瓶底会有白色的石灰沉淀。

实验揭秘

一时无法溶解的石灰颗粒会浮在水中，所以液体看起来呈乳白色、不透明状。要等石灰颗粒完全沉淀，必须要有一段时间。在这个实验中，静置后的透明溶液就是石灰水(即氢氧化钙饱和溶液)。将瓶子盖紧，是为了避免空气中的二氧化碳跑进去。

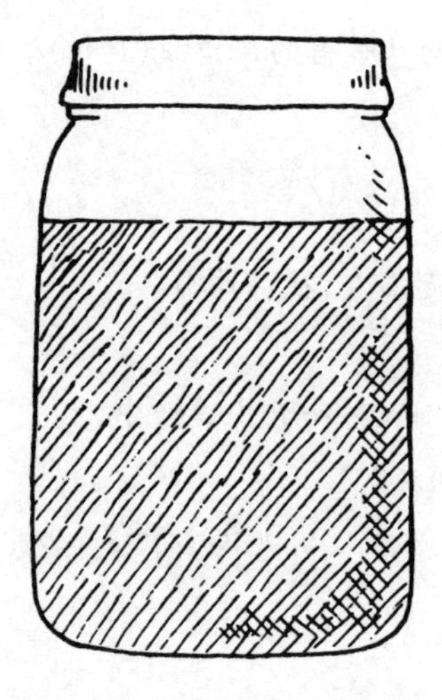

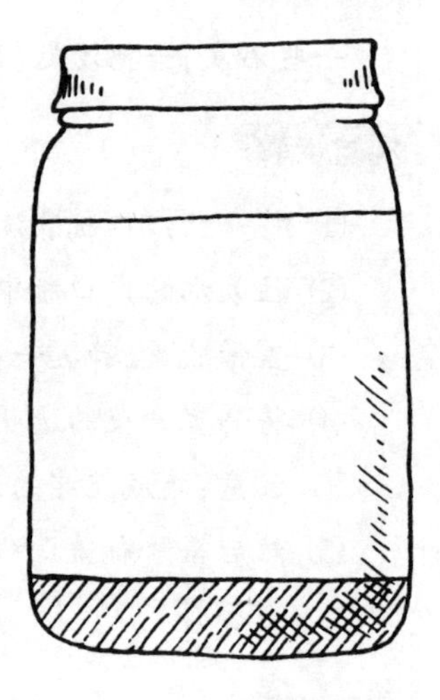

34. 我们呼气时，也会呼出二氧化碳吗

你将知道

人们呼出的气中是否含有二氧化碳。

准备材料

一瓶石灰水(实验 33 的成品)，一根吸管，一只大的玻璃杯。

实验步骤

① 往玻璃杯里倒入半杯石灰水。

② 将吸管的一端插入石灰水中。

③ 用嘴含着吸管的另一端，往吸管里吹气。

④ 在石灰水的颜色没有发生明显变化之前，必须不断地往吸管里吹气。

实验结果

原本透明的石灰水会变成乳白色。

实验揭秘

当透明的石灰水与二氧化碳接触时，石灰水会变成乳白色。这是因为石灰水里的化学物质和呼出的二氧化碳结合，会产生不易溶于水的乳白色沉淀物，这就是碳酸钙(俗称石灰石)。将碳酸钙溶液静置几小时以后，碳酸钙就会沉淀在杯底。

石灰水

35. 饥饿的真菌

你将知道

酵母反应时会产生二氧化碳。

准备材料

一只空的汽水瓶，一茶匙（5 毫升）的砂糖，一包发酵粉，一根长约 45 厘米的塑料管，一块橡皮泥，一瓶石灰水。

实验步骤

① 将半包发酵粉倒入汽水瓶内。

② 再往汽水瓶中倒进半瓶温水。

③ 再往瓶子中加入一茶匙砂糖。

④ 用你的大拇指堵住瓶口，用力摇动瓶子，使瓶子里的东西混合均匀。

⑤ 将塑料管的一端插入瓶口。

⑥ 用橡皮泥封住瓶口，使塑料管固定。

⑦ 往玻璃杯内倒入半杯石灰水，把塑料管的另一端插入石灰水中。

⑧ 每到一定时间，观察瓶子里和杯子里的情况，连着观察几天。

实验结果

先是瓶子里会起泡，不久，这些气泡会通过塑料管进入装有石灰水的杯里，杯子里的石灰水会变得浑浊。

实验揭秘

酵母是一种真菌，它能用糖和氧制造出能量。酵母在制造能量的过程中，会产生二氧化碳，形成气泡。二氧化碳通过塑料管进入玻璃杯内，使石灰水产生浑浊。石灰水只有在二氧化碳进入时，才会产生浑浊的现象。

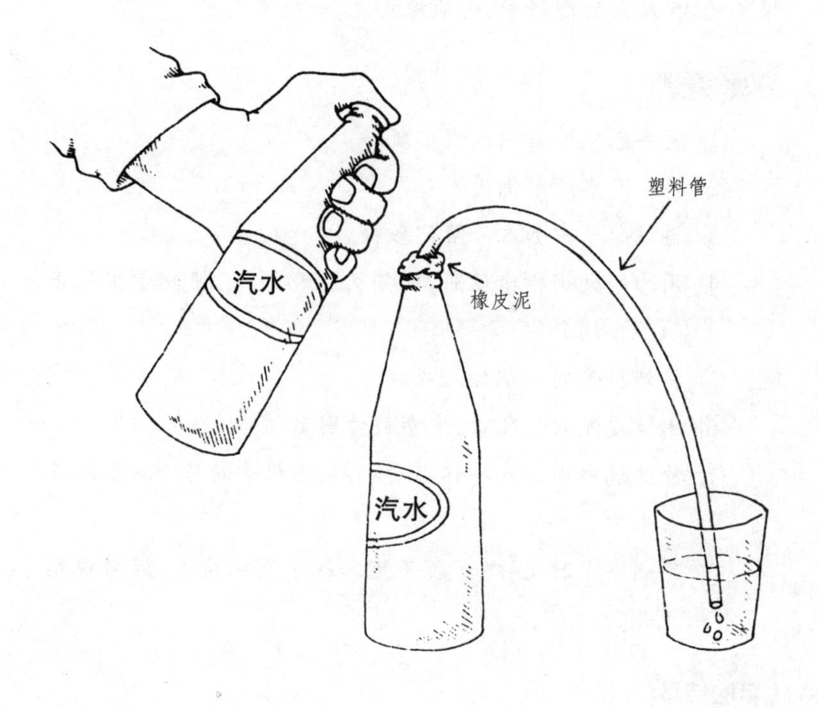

36. 动手做“火山”

你将知道

如何制造出一座会喷火的“火山”。

准备材料

一只小汽水瓶，一把汤匙(15 毫升)，一只烤盘，一杯醋，一些碳酸氢钠(小苏打)，一些红色的食用色素，一些泥土。

实验步骤

① 在烤盘内放进小汽水瓶。

② 将土弄湿，然后用湿土在瓶子周围堆成山状。土不要堵住瓶口，也不要让土掉进瓶内。

③ 从瓶口倒入一汤匙的碳酸氢钠。

④ 将一杯用红色食用色素染成红色的醋倒进瓶子里。

实验结果

红色的泡沫会从瓶口喷出。

实验揭秘

碳酸氢钠与醋反应时会产生二氧化碳。当二氧化碳累积到一定程度时，会在瓶内产生巨大的压力，促使红色液体从瓶口喷出。喷出的红色泡沫就是二氧化碳与液体的混合物。

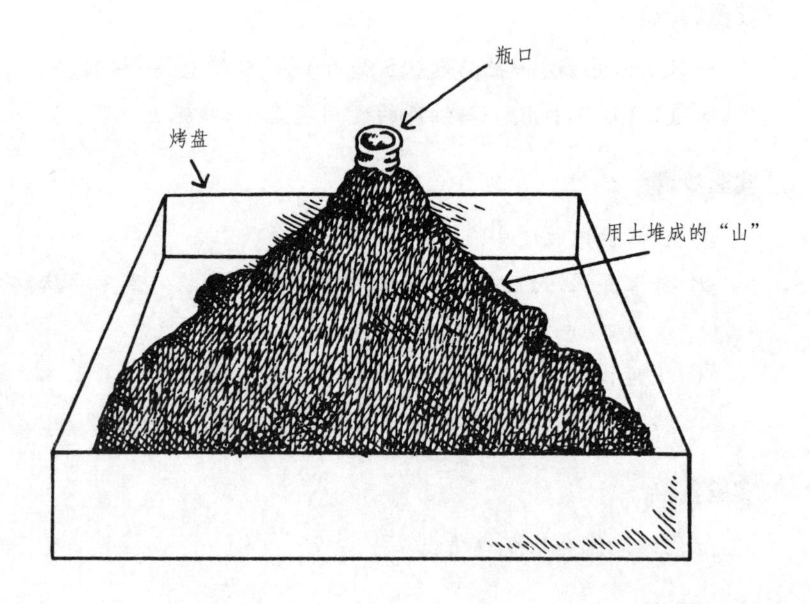
瓶口
烤盘
用土堆成的“山”

37. 气泡会冒多久

你将知道

将消食片放入水中，要多久才会停止冒泡。

准备材料

一片消食片，一只空的汽水瓶，一团核桃般大小的橡皮泥，一根45厘米长的塑料管，一只广口玻璃瓶。

实验步骤

① 将汽水瓶装上1/4瓶的水。

② 在吸管一端往里5厘米的地方用橡皮泥包一圈。

③ 将广口玻璃瓶装上半瓶水。

④ 将塑料管的另一端插入广口玻璃瓶的水中。

⑤ 将消食片弄碎并快速扔进汽水瓶里。

⑥ 然后立即将吸管有橡皮泥的那一端插入汽水瓶，并用橡皮泥将瓶口封好。

⑦ 记下此时的时间。

⑧ 当汽水瓶里的液体停止冒泡以后，再记下此时的时间。

实验结果

消食片一入水，马上就会发生反应，产生气泡。液体要大约25分钟以后才会停止冒泡。

实验揭秘

消食片里有干燥的酸性物质和酵母，当它们与水接触时，会产生二氧化碳。二氧化碳顺着塑料管进入玻璃瓶的水中，就会以气泡的形式冒出来。当消食片里的反应物质都消失了以后，就不再冒泡了。

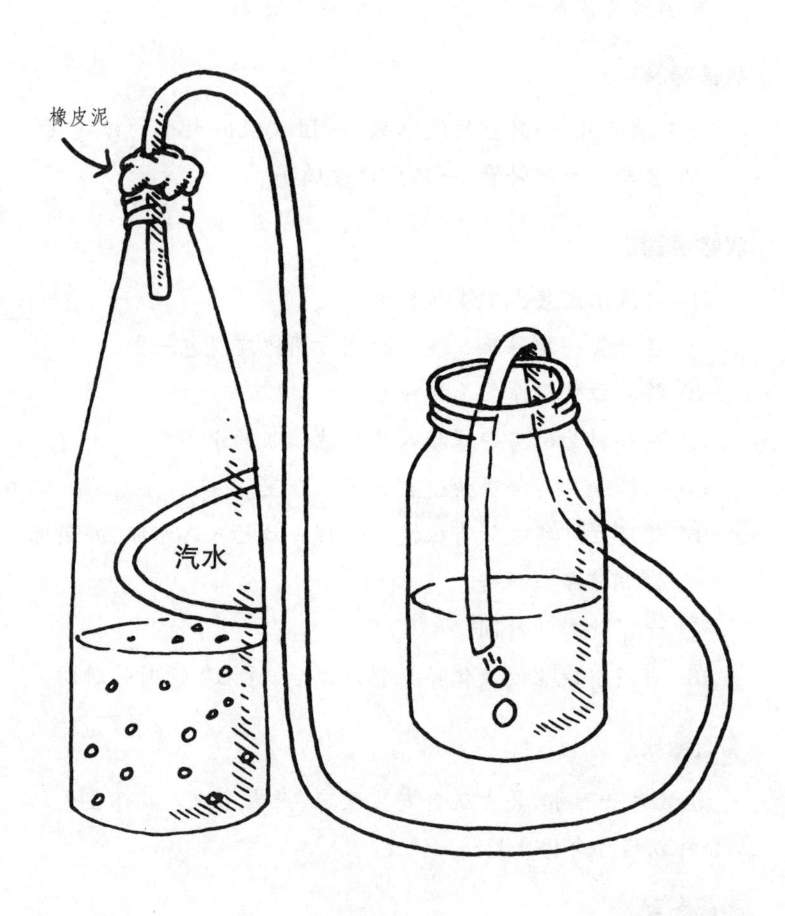

38. 削过皮的苹果为什么会变成褐色

你将知道

水果果肉颜色的改变与氧有关。

准备材料

一粒苹果，一片维生素 C 片。

实验步骤

① 将没削皮的苹果切成两半。将苹果切面朝上放在桌上。

② 把维生素 C 片磨成粉，然后撒在其中一片苹果的切面上，另一片则不撒。

③ 静置 1 小时。

④ 然后观察两片苹果的切面颜色有何不同。

实验结果

没有撒维生素 C 的那片苹果的切面会变成褐色；而撒了维生素 C 的那一片苹果的切面颜色不变。

实验揭秘

当苹果、梨、香蕉等水果的果肉暴露在空气中时，果肉的颜色会改变，这是由于水果破损的细胞中的化学物质会与空气中的氧发生化学反应，也就是氧化反应。这种氧化反应会改变水果的颜色与味道。如果在果肉上撒些维生素 C，则会使果肉与氧隔开，无法产生氧化反应，果肉就不会改变颜色。

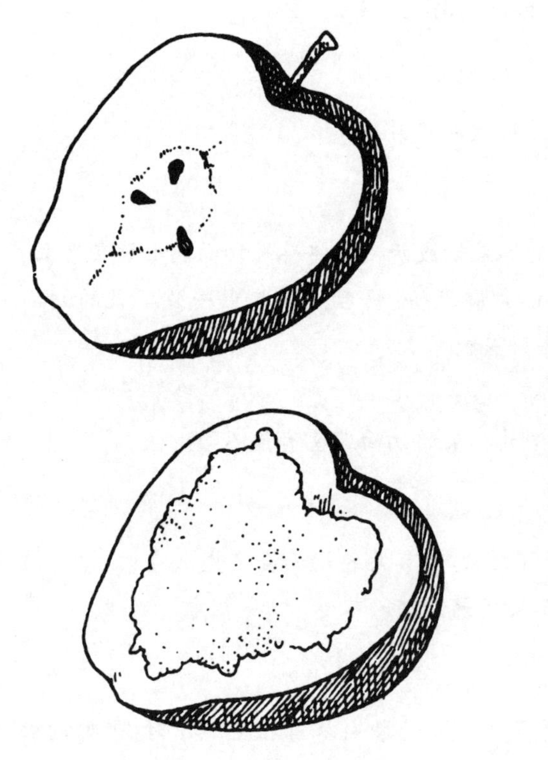

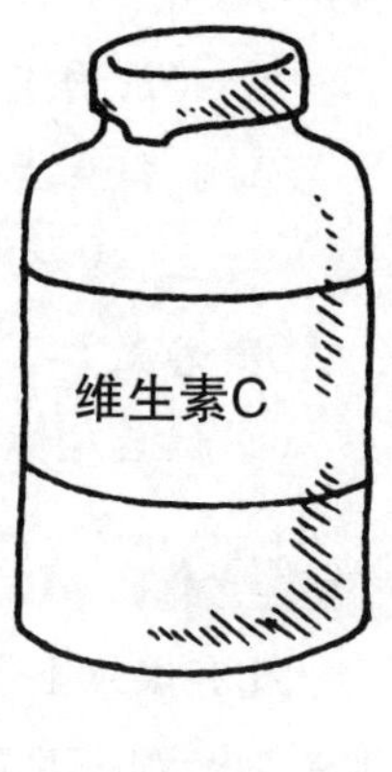
维生素C

39. 颜色消失了

你将知道

颜色是如何消失的。

准备材料

一瓶红色的食用色素,一瓶漂白剂,一根滴管,一只透明的玻璃瓶。

注意:在使用漂白剂时,必须要有大人帮忙。如果在实验中漂白剂不小心溢出或触及人体,必须立刻用大量清水冲洗。

实验步骤

① 将玻璃瓶装上半瓶水。

② 用滴管往瓶子里滴入几滴红色色素,然后搅拌均匀。

③ 请大人帮忙用滴管滴10滴漂白剂在染成红色的水中,搅拌均匀。

④ 将瓶子静置30分钟。

实验结果

在滴入红色色素的水中加入漂白剂以后,红色的水会褪色。

实验揭秘

漂白剂含有一种叫次氯酸钠的化学物质,这种化学物质在化学反应时会释放出氧。氧与色素结合,会形成无色的化合物。因此,当漂白剂加入红色的水中时,红色液体会渐渐褪色,变成无色。

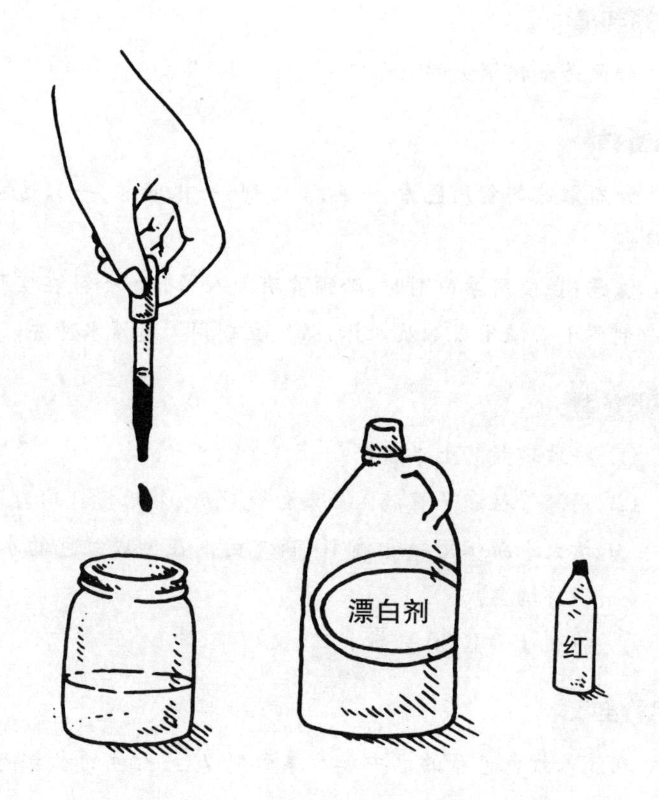
漂白剂
红

40. 漂白粉为什么能使衣物的颜色变淡

你将知道

漂白粉对物体颜色的影响。

准备材料

一只小玻璃瓶，一瓶红色的食用色素，一盒漂白粉，一把茶匙(5 毫升)。

实验步骤

① 将小玻璃瓶装半瓶水。

② 往瓶子中滴入一滴红色的食用色素，然后搅拌均匀。

③ 再往瓶子中加入一茶匙漂白粉，搅拌均匀。

④ 静置 15 分钟。

实验结果

红色的液体刚开始颜色会变淡，最后会变成无色透明的液体。

实验揭秘

当漂白粉与红色的液体接触时，漂白粉会慢慢释放出氧。氧与红色的色素结合，会形成无色的物质，所以最后液体就会褪变成无色透明的液体。

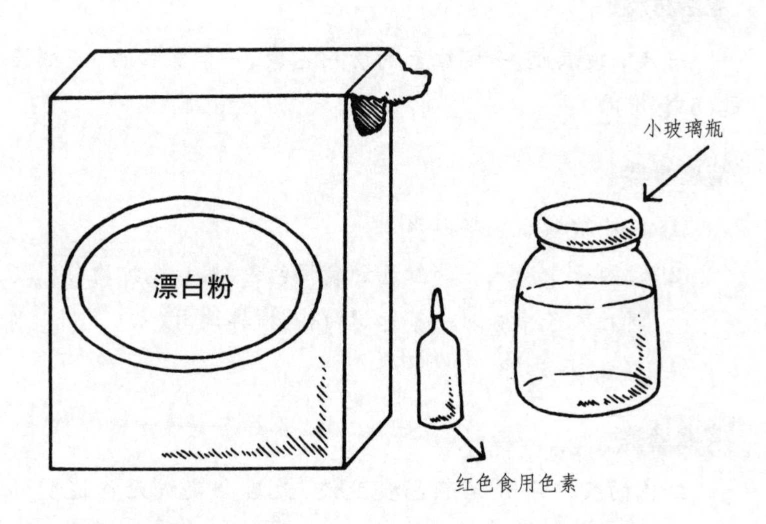
漂白粉
小玻璃瓶
红色食用色素

41. 自制老报纸

你将知道

如何使报纸快速变旧。

准备材料

一张报纸。

实验步骤

① 将报纸摊开放在阳光照得到的窗边。

② 静置5天。

实验结果

报纸会很快变旧、变黄。

实验揭秘

这项实验很特殊的一点是：报纸与氧产生的反应和其他物体与氧的反应，有着相反的结果。通常，普通物体与氧反应，物体的颜色会变浅。而印制报纸的纸质颜色，原本是黄色的，为了让它变白，工人们使用了一种有去氧作用的化学物质。在这个实验中，把报纸放在窗边，阳光与空气会使报纸变暖，空气中的氧就更容易与报纸上的化学物质结合。当这种化学物质消失以后，报纸就会恢复原来的黄色。时间久了，报纸都会变黄。把报纸放在阳光下，只不过是为了加快报纸变黄、变旧的速度。

42. 如何防止铁生锈

你将知道

铁丝在什么情况下会生锈。

准备材料

一粒沾过肥皂水的干铁丝球，一把剪刀，一只盘子，一张纸巾，半杯醋（125 毫升），一支铅笔。

实验步骤

① 用剪刀将铁丝球等分成 4 小团。

② 用热水将两小团铁丝球上的肥皂水冲干净。

③ 将一小团冲掉肥皂水的铁丝和一团沾有肥皂水的铁丝一起放入醋中。

④ 纸巾用铅笔画成 4 份，分别标上号码，然后放在盘子上。

⑤ 把泡在醋里的那两团铁丝取出，尽可能甩干水分。

⑥ 连同剩下的两团铁丝，依次放在纸巾相应的位置上。

第一组：肥皂水已洗净又泡过醋的铁丝。

第二组：沾过肥皂水又泡过醋的铁丝。

第三组：肥皂水已洗净又保持潮湿的铁丝。

第四组：沾过肥皂水但仍保持干燥的铁丝，作为对照。

⑦ 每隔 10 分钟观察一次这 4 组铁丝，连续观察 1 个小时。

⑧ 然后将 4 组铁丝静置 24 小时以后，再观察一次。

实验结果

第一组（肥皂水已洗净又泡过醋）的铁丝，静置 10 分钟后已开始生锈。第二组（沾过肥皂水又泡过醋）的铁丝，1 小时以后也开始生锈。24 小时以后,泡过醋的两份铁丝(第一组和第二组)全部生锈,而第三组(肥皂水已洗净又保持潮湿)的铁丝,只有少许部分生锈。作为对照用的第四组铁丝,没有任何变化。

实验揭秘

铁丝球中含有铁的成分。铁与空气中的氧结合会生锈。而肥皂水能将铁隔绝从而避免与氧接触。醋会去除包着铁丝的肥皂,使铁与氧容易结合而生锈。以这种方式所产生的氧化铁,是带点红色的褐色。大部分人认为,生锈的颜色都是红褐色的,其实不然,有些金属与氧结合而生锈,生锈的颜色是另外的颜色。

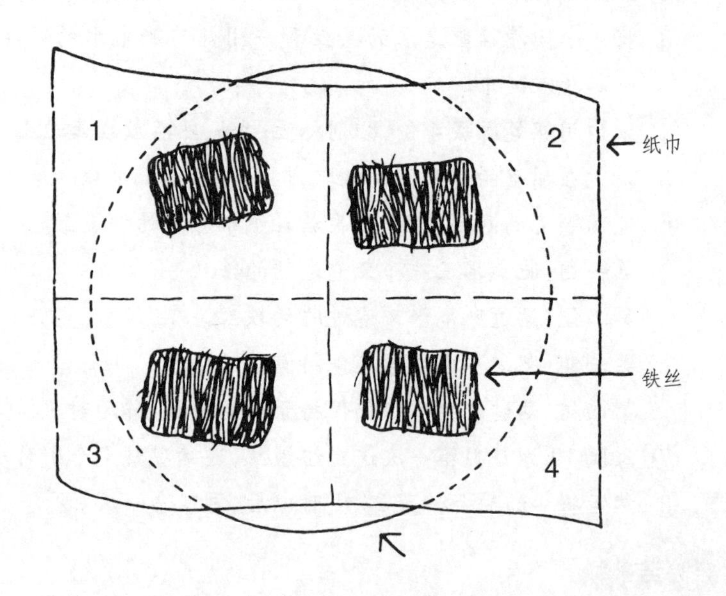

Ⅳ. 化学状态的变化

43. 铜器为什么会变绿

你将知道

如何使铜币变绿。

准备材料

一只盘子,一张纸巾,一瓶醋,3~5 枚铜币。

实验步骤

① 将纸巾对折两次,形成一个正方形。

② 把对折好的纸巾放在盘子上。

③ 用醋将纸巾弄湿。

④ 将铜币放在湿纸巾上。

⑤ 静置 24 小时后观察铜币。

实验结果

铜币的表面会变成绿色。

实验揭秘

醋的化学名称是醋酸。醋酸中的醋酸离子和铜币中的铜结合,会产生绿色的醋酸铜,所以铜币的表面就变成绿色的了。

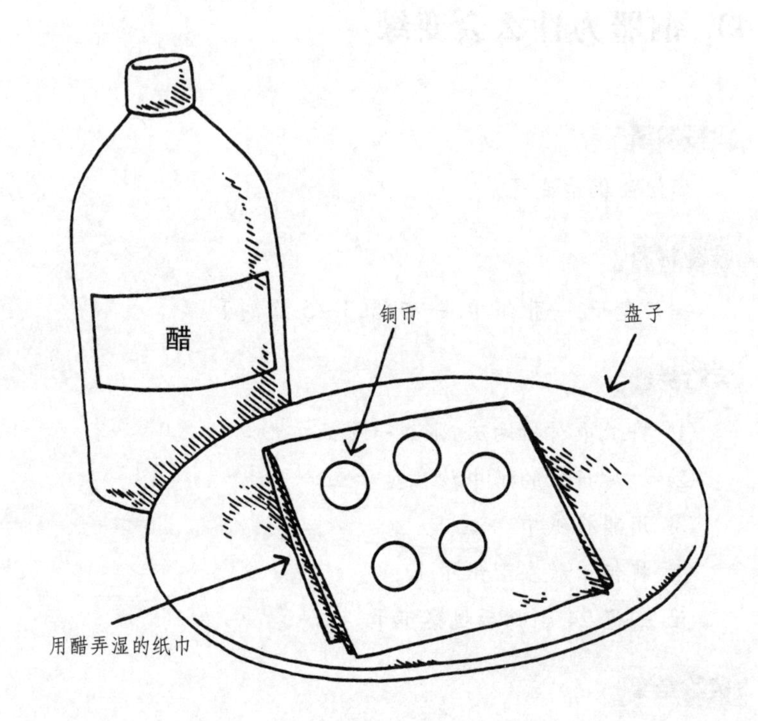
醋
铜币
盘子
用醋弄湿的纸巾

44. 会自己剥壳的蛋

你将知道

蛋如何自己脱壳。

准备材料

一只带盖的玻璃瓶,一枚新鲜的蛋,一瓶白醋。

注意:在接触了生禽蛋以后,要洗手,因为生的禽蛋上会带有毒的细菌。

实验步骤

① 将蛋轻轻地放入瓶内。小心不要打破蛋壳。

② 把白醋倒进瓶内,将蛋完全淹没。

③ 盖紧盖子。

④ 立刻观察瓶内的情形。

⑤ 24 小时以后,隔相同时间观察几次。

实验结果

当醋淹没蛋时,蛋壳表面会立即出现气泡。经过一段时间以后,气泡的数量增加。24 小时以后,蛋上没有了蛋壳,有时会看到一小块的蛋壳浮在醋的表面上。脱了壳的蛋,被透明的膜包着,所以能保持原形。此时,透过膜就可以看到里面的蛋黄。

实验揭秘

醋的化学名称是醋酸。蛋壳的主要成分是碳酸钙。醋酸与碳酸钙发生化学反应,就会使蛋壳消失,并产生二氧化碳气泡。

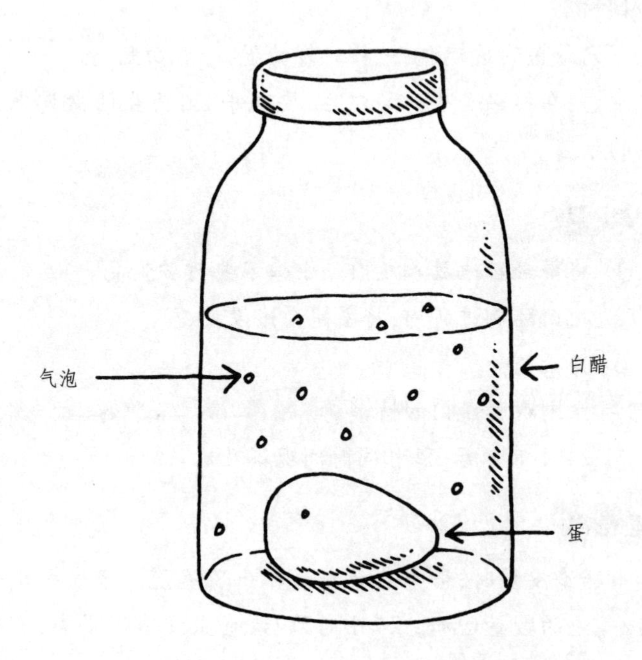
气泡
白醋
蛋

45. 用马铃薯快速地制造氧气

你将知道

如何用马铃薯将过氧化氢分解成水和氧气。

准备材料

一瓶过氧化氢(俗称双氧水),一枚生的马铃薯,一只玻璃杯。

实验步骤

① 往玻璃杯里倒入半杯过氧化氢。

② 将马铃薯切成薄片,然后将一片马铃薯放入杯中。

③ 观察杯内的情形,特别要注意是否有气泡出现。

实验结果

杯子里的液体中会冒出气泡。

实验揭秘

生的马铃薯含有过氧化氢酶。酶是存在于活细胞中的一种化学物质。酶能把食物中复杂的化学物质快速分解成结构更小、更简单、更容易利用的物质。在这个实验中,生的马铃薯里的过氧化氢酶,会将过氧化氢快速分解成水和氧气。所以杯子里出现的气泡就是氧气。

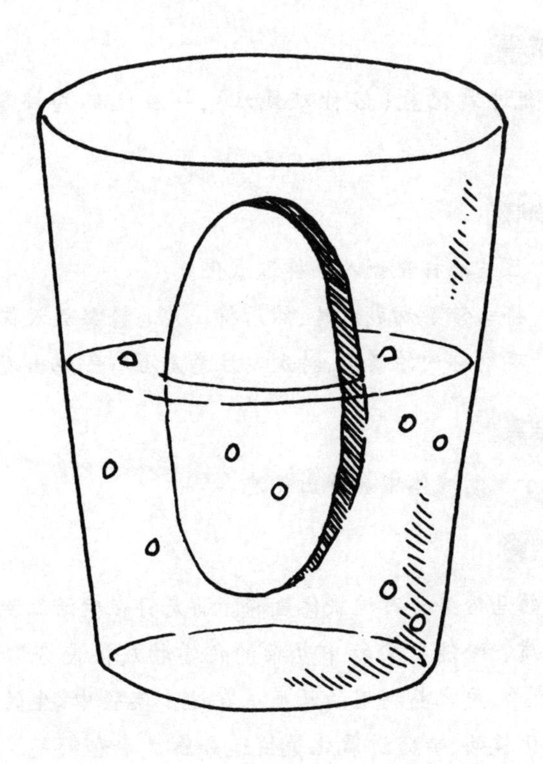

46. 如何制造白色的凝胶

你将知道

如何制造不被水溶解的白色凝胶。

准备材料

半茶匙明矾(2.5 毫升),两茶匙纯氨水(10 毫升),一只小的广口玻璃瓶。

实验步骤

① 将玻璃瓶内装上半瓶水。

② 往瓶子里的水中加入半茶匙明矾,搅拌均匀。

③ 再往瓶子里的水中加入两茶匙氨水,搅拌均匀。观察瓶里的溶液。

④ 静置 5 分钟。然后观察瓶里的溶液。

实验结果

溶液先会变得浑浊。静置 5 分钟以后,开始有白色胶状物沉淀在瓶底。

实验揭秘

氨水中含有氢氧化氨。氨水中的氢氧化氨和明矾中的铝离子会发生化学反应,产生不溶于水的氢氧化铝胶体。

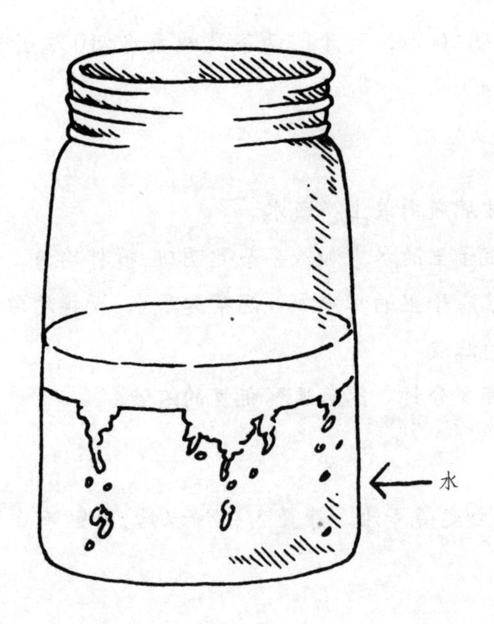
水

47. 镁会变成“牛奶”

你将知道

如何制造像牛奶一样的硫酸镁溶液。

准备材料

一茶匙硫酸镁(5 毫升),两茶匙氨水(10 毫升),一只小玻璃瓶。

实验步骤

① 将玻璃瓶装半瓶水。

② 往瓶里的水中倒入一茶匙的硫酸镁,搅拌均匀。

③ 再往瓶里的水中加入两茶匙的氨水。注意:此时不可搅拌。

④ 静置 5 分钟。

实验结果

当氨水加入硫酸镁溶液中时,会有像牛奶般的白色物质产生。

实验揭秘

氨水的化学名称是氢氧化氨。氨水与硫酸镁(俗称泻盐)发生化学反应,产生不溶于水的白色物质,这就是氢氧化镁。静置一段时间后,白色物质会沉淀在瓶底。氢氧化镁是一种名为“镁乳”的药物的主要成分。

氨水
硫酸镁

48. 绿色的胶体

你将知道

将两种液体混合,制成绿色胶体。

准备材料

一瓶醋,一团铁丝球,一瓶氨水,一把汤匙(15 毫升),两只小的广口玻璃瓶,一支签字笔。

实验步骤

① 在瓶内放入铁丝球。

② 把醋倒进瓶内,直到淹没铁丝球。

③ 在瓶子外侧用签字笔写上“醋酸铁”。

④ 静置 5 天。

⑤ 从醋酸铁溶液中舀一汤匙放入另一只玻璃瓶中。再加入一汤匙氨水,充分搅拌。

实验结果

瓶内立刻有暗绿色的胶状物质出现。

实验揭秘

铁丝球里的铁与醋反应会生成醋酸铁。氨水的化学名称是氢氧化氨。当氨水与醋酸铁溶液混合时,会立刻发生化学反应,产生醋酸氨和绿色的氢氧化铁。虽然溶液中的物质成分不变,但是这些物质的重新组合就形成了完全不同的新的产物。在这个实验中,不同的液体反应生成了半固体状的胶体。

氨水
醋酸铁

49. 如何知道物质中是否含有淀粉

你将知道

如何测试物质中是否含有淀粉。

准备材料

1/4 茶匙面粉，一瓶碘酒，一只碗，一把汤匙（15 毫升），一根滴管。

实验步骤

① 将 1/4 茶匙的面粉倒入碗里。

② 往碗里加 3 汤匙的水，然后搅拌均匀。

③ 再用滴管往碗里滴入 3 ~4 滴碘酒。

实验结果

面粉与碘酒混合的液体会变成暗紫色。

实验揭秘

面粉是由很大的淀粉分子组成的。淀粉的分子形状就像是一根有很多小分支的螺旋状长链条。当碘酒与面粉接触时，碘酒分子会被吸到淀粉分子的螺旋状链条结构中来，形成暗紫色的新物质。所以通常用碘酒来测试物质中是否含有淀粉。

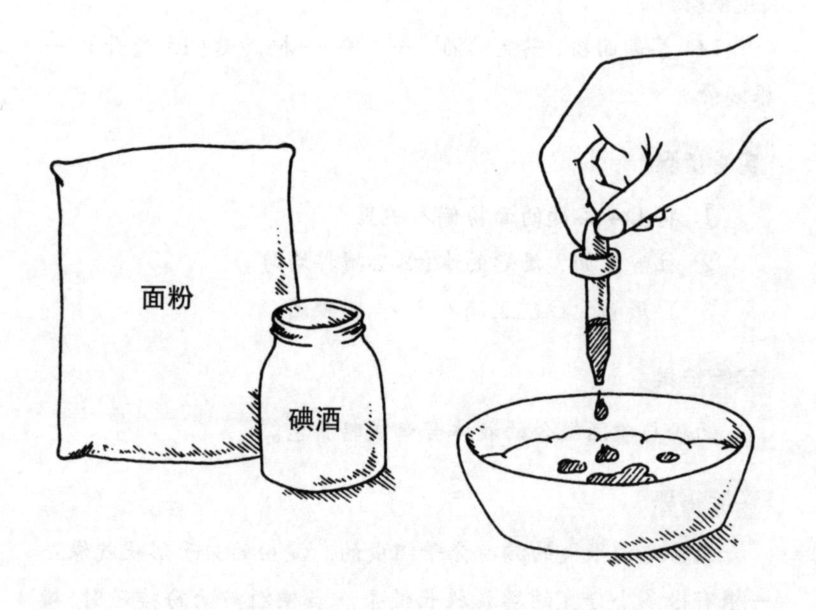
面粉
碘酒

50. 哪些物质里含有淀粉

你将知道

如何测试一些物质里是否含有淀粉。

准备材料

一张铝箔纸,一根滴管,一瓶碘酒,作为测试用的物品有:一张白纸,一块奶酪,一片面包,两片饼干,一些砂糖,一片苹果。

实验步骤

① 把要进行测试的物品分别放在铝箔纸上。

② 分别在每一样测试物品上滴一滴碘酒。

实验结果

白纸、面包和饼干会变成暗紫色。其他物品则会变成碘酒原本的茶褐色。

实验揭秘

当淀粉与碘结合时会变成暗紫色。当碘酒滴在含有淀粉的物品上时,物品会变成暗紫色,就可断定它含有淀粉。否则就说明物品中没有淀粉。

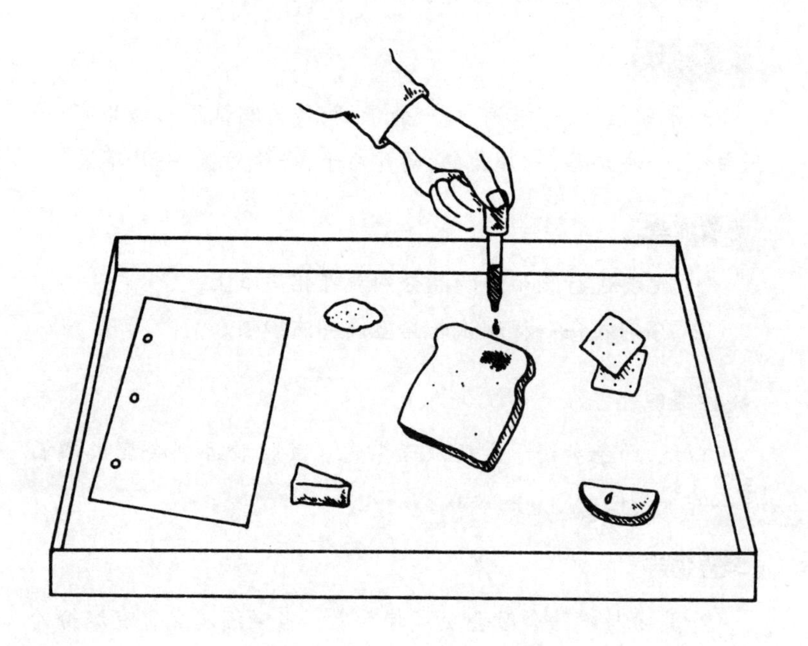

51. 嘴里也会进行化学反应

你将知道

用嘴咀嚼食物，会起化学反应。

准备材料

一片切片面包，一瓶碘酒，一根滴管，两张蜡纸。

实验步骤

① 把一片面包对半切成两块。

② 将一块面包放入嘴里咀嚼 30 次，尽量使唾液与面包混匀，使面包变成糊状。

③ 将咀嚼过的糊状面包吐在一张蜡纸上。

④ 把另一块未经咀嚼的面包放在另一张蜡纸上。

⑤ 分别在两块面包上滴 4 滴碘酒。

实验结果

未经咀嚼的面包呈暗紫色，而咀嚼过的面包则不会改变颜色。

实验揭秘

面包里含有的淀粉，会与碘发生化学反应，形成碘淀粉分子，而呈现暗紫色。经过咀嚼的面包，由于唾液里含有一种酶，它会与面包里的淀粉发生反应，使大的淀粉分子转化成小小的糖分子。因为糖分子不会与碘发生反应，所以经过充分咀嚼的面包不会改变颜色。

面包
碘酒

52. 会隐形的字

你将知道

观察文字与图案像魔术般出现的现象。

准备材料

一只汤碗,一瓶碘酒,一根滴管,一把剪刀,一只柠檬,一张白纸,一只杯子,一支画笔。

实验步骤

① 倒汤碗里倒半杯水。

② 往汤碗里滴 10 滴碘酒和水混合均匀。

③ 将柠檬对半切开,将柠檬汁挤在杯内。

④ 将白纸剪成刚好可放入汤碗中的大小。

⑤ 将画笔浸在柠檬汁中,然后用画笔在白纸上写几个字。

⑥ 当写过字的纸变干以后,把纸浸在有碘酒溶液的汤碗中。

实验结果

除了文字外,纸张上的其余部分都变成了暗紫色。在暗紫色的背景下,字就很醒目地显现出来。

实验揭秘

由于纸张里含有的淀粉会与碘酒发生反应,形成暗紫色的碘淀粉分子,所以纸会变成暗紫色。但是柠檬汁里的维生素 C 与碘酒反应时,会产生无色的新分子。所以用柠檬汁写的字不会改变颜色。

I LOV
I LOVE
WADE

53. 可以喝的铁

你将知道

果汁里是否含有铁。

准备材料

一只大的广口玻璃瓶(500 毫升),3 袋袋泡茶,一些菠萝汁,一些苹果汁,一些白葡萄汁,一些橙汁,4 只透明塑料杯,一把汤匙(15 毫升),一卷胶带纸,一支笔。

实验步骤

① 把 3 袋袋泡茶放在广口玻璃瓶里,冲入开水,冲制成浓茶,静置 1 小时。

② 在 4 只塑料杯的外测粘上写有不同果汁名称的胶带纸。

③ 分别将每种果汁舀 4 汤匙倒入对应的塑料杯中。

④ 往 4 只塑料杯中分别加入 4 汤匙的浓茶,搅拌均匀,然后静置 20 分钟。

⑤ 轻轻举起杯子,观察杯底,如果有暗色小颗粒沉淀的,就记录下来。

⑥ 再静置 2 小时,然后观察杯底是否有暗色小颗粒沉淀。

实验结果

20 分钟以后,有的杯底有暗褐色小颗粒沉淀。2 小时以后,所有的果汁里都有暗褐色小颗粒沉淀在杯底。

实验揭秘

当杯子里出现了固体小颗粒,我们就会知道杯里的物质发生了化学反应。由于茶水和果汁都是液体，却产生了固体物质，由此可知，这个化学反应产生了新的物质。果汁里含有铁的成分，会与茶水起化学反应，形成暗褐色小颗粒。不同种类的果汁，铁的含量也不同。在这4种果汁中，菠萝汁和苹果汁含有更多的铁的成分，所以出现小颗粒的速度较快。如果果汁里铁的含量很少，当它与茶水混合后，人们通常看不见小颗粒。

54. 牛奶中的固体与液体

你将知道

牛奶加醋后会产生什么变化。

准备材料

一瓶鲜牛奶，一瓶白醋，一只小玻璃瓶，一把汤匙（15 毫升）。

实验步骤

① 将玻璃瓶装上半瓶鲜牛奶。

② 往玻璃瓶中加入两汤匙白醋，搅拌均匀。

③ 静置 2～3 分钟。

实验结果

鲜牛奶会变成白色固体与透明液体两部分。

实验揭秘

胶体是液体和微小颗粒的混合物。牛奶就是一种胶体。牛奶中的固体颗粒均匀地分布在液体中。醋会将牛奶扩散在液体里的固体小颗粒凝聚在一起，形成白色的固体——凝乳；而牛奶中的透明液体部分则被称为“乳浆”。

牛奶
醋

55. 石灰石的生成与消失

你将知道

如何制造石灰石,然后再用化学的方法去分解石灰石。

准备材料

一只小玻璃瓶,一瓶白醋,一瓶石灰水。

实验步骤

① 在瓶子里装满石灰水。

② 瓶子不要加盖,静置 7 天。

③ 将瓶子里的石灰水全部倒掉。

④ 观察瓶子里的白色壳状物质。

⑤ 将瓶子装上半瓶醋。

⑥ 观察瓶内有何变化。

实验结果

将石灰水倒掉以后,瓶内会残留一些白色壳状物质。这些白色物质与醋反应,会产生气泡,最后会完全溶解于醋中。不到 5 分钟,玻璃瓶的下半部分会变得清澈透明。而没有接触到醋的高处的白色物质仍旧存在。

实验揭秘

当石灰水暴露在空气中时,会与空气中的二氧化碳发生化学反应,产生白色沉淀物——碳酸钙,它是石灰石的主要成分。碳酸钙与醋混合,会产生二氧化碳气泡,同时,碳酸钙会减少直至消失。

石灰水

56. 物体形态的改变

你将知道

有时固体和液体发生化学反应，会生成气体。

准备材料

一只大的汽水瓶(1 升)，一只圆气球，一瓶醋，一把汤匙(15 毫升)，一些碳酸氢钠(小苏打)，一把茶匙(5 毫升)，一卷胶带纸。

实验步骤

① 往瓶子里倒入一茶匙的碳酸氢钠。

② 往未吹气的气球里倒入 3 汤匙的醋。

③ 把气球口套在瓶口外，并用胶带纸固定。

④ 把气球抬高，让气球里的醋流进瓶子里。

实验结果

碳酸氢钠与醋混合会产生气泡，气球会鼓起来。

实验揭秘

当碳酸氢钠与醋酸混合时，会发生化学反应，产生二氧化碳，使这个实验中的气球变鼓。在这个实验中，固体与液体混合，经化学反应就产生气体了。

醋
小苏打

V. 物理状态的变化

57. 如何使冰水变得更冷

你将知道

如何使冰水变得更冷。

准备材料

一只金属小杯子，一支室外温度计，一瓶食盐，一把汤匙(15 毫升)，一些冰块。

实验步骤

① 在空杯子里装满冰块。

② 往杯子里倒水，使水淹没冰块。

③ 把温度计插入杯中。

④ 30 秒钟后，记下冰水的温度。

⑤ 往杯子里加入一汤匙的盐，然后用温度计轻轻搅拌。

⑥ 30 秒钟后，记下液体的温度。

实验结果

加盐后的冰水，温度更低。

实验揭秘

当盐粒溶解在水中时，需要吸收热量。盐粒吸收了水的热量后，水的温度就会下降。

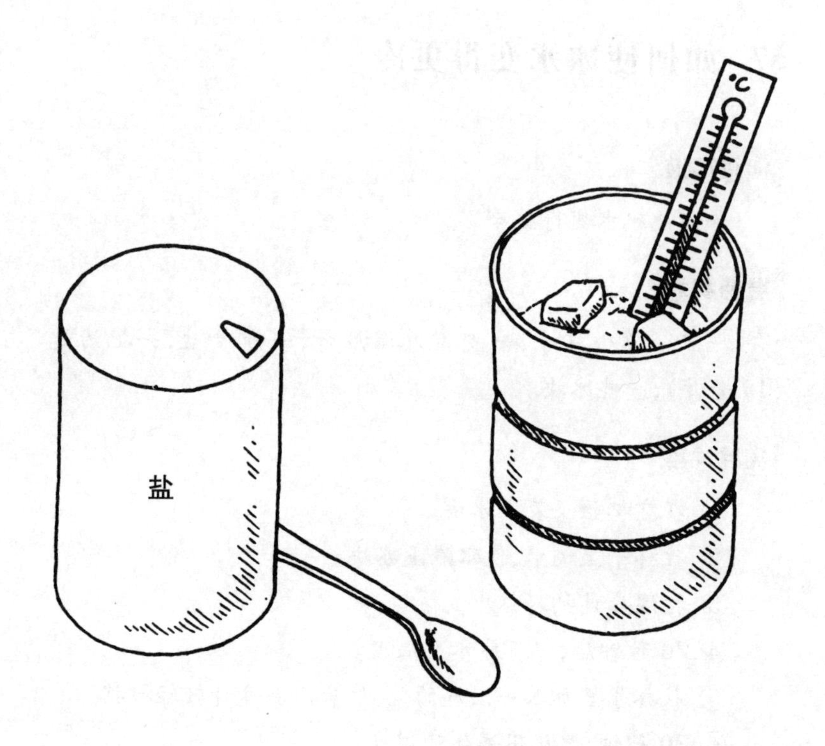
盐
℃

58. 水结冰后体积会变化吗

你将知道

水结冰后会膨胀。

准备材料

一根吸管,一只小玻璃瓶,一瓶食用色素(红色或蓝色),一支签字笔,一团橡皮泥(弹珠般大小)。

实验步骤

① 把橡皮泥压入瓶底。
② 将瓶子装满水。
③ 往瓶子中滴入4~5滴食用色素,搅拌均匀。
④ 将吸管慢慢地插入水中,使吸管的下端插入橡皮泥中,使吸管能直立。
⑤ 慢慢地倒掉瓶子里的水。
⑥ 用签字笔在瓶子外侧记下吸管中的水面高度。
⑦ 把瓶子放入冰箱的冷冻室中,静置5个小时。
⑧ 然后取出瓶子,观察吸管里的水柱高度。

实验结果

吸管里的水结冰后变高了。

实验揭秘

水分子之间会互相吸引,当它们离得非常近时就会结合在一起。但是水分子与水分子之间是有空隙的。在较高的温度下,液态的水分子能自由靠近,彼此之间的距离小,所以占用的空间小，体积也小。当温度降低到冰点时，水分子会相互结合形成六面体的冰的结构，水分子之间的距离变大，因而体积变大。你可以试试把瓶子放在室温环境下，让吸管内的冰自然融化。当冰融化后，你会看到吸管内的水又恢复到了原来的高度。

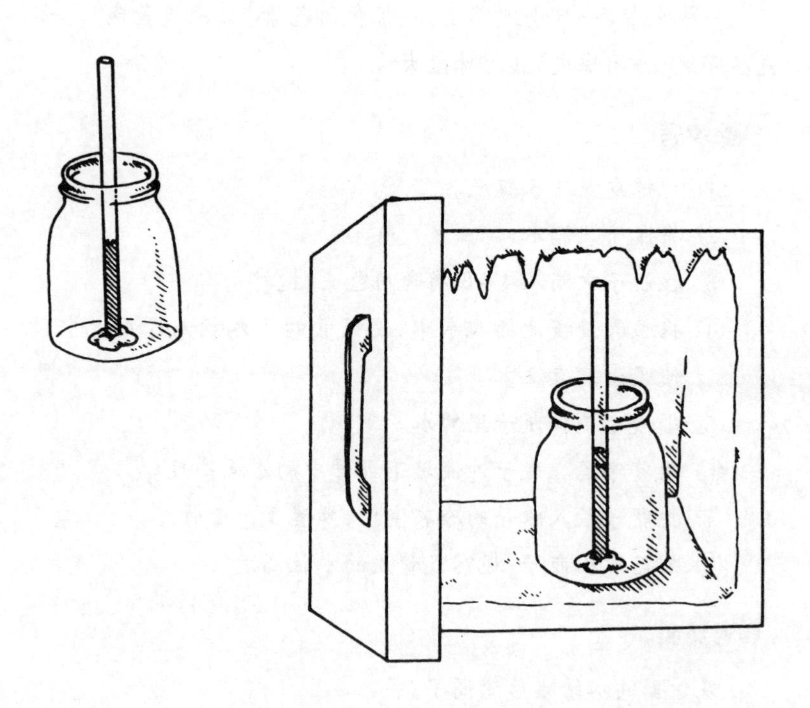

59. 自制水果冰块

你将知道

橙汁是否会与水结成的冰一样冻得硬梆梆的。

准备材料

一瓶橙汁,一只制冰盘。

实验步骤

① 在制冰盘的一半格子里倒满橙汁。

② 将制冰盘的另一半格子倒满水。

③ 将制冰盘在冰箱的冷冻室中放一夜。

④ 然后取出冰块。

⑤ 分别小心地试咬一下两种冰块。

实验结果

橙汁与水都会从液体变为固体,但橙汁结成的冰块没有水结成的冰块那么硬,更容易咬下来。

实验揭秘

在结冰的过程中,两种液体都会散失热能,变成固体。橙汁结成的冰没有水结成的冰那么硬,是因为橙汁里的一些物质并没有冻结。许多溶液完全结冰的温度在零度以下。橙汁冻结的冰块是冻结的水和其他未冻结物质的混合物,所以尝起来的口感不会像完全由水结成的冰块那样硬梆梆的。

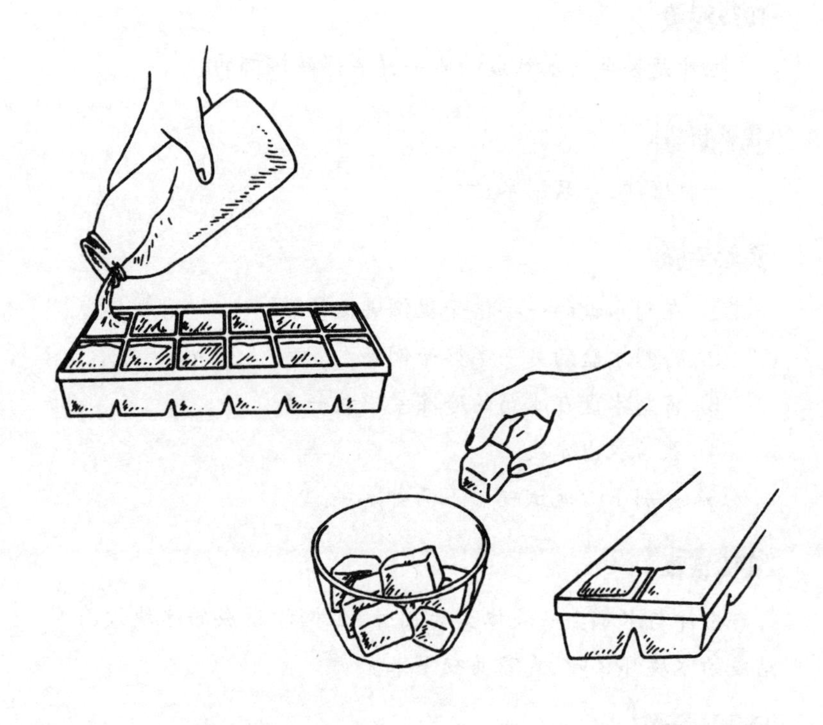

60. 无法结冰的盐水

你将知道

与清水相比,盐水更不容易冻结。

准备材料

两只纸杯,一些食盐,一把汤匙(15 毫升),一支签字笔,一卷胶带纸。

实验步骤

① 将两只纸杯都装上半杯水。

② 在其中一只纸杯里放入一汤匙食盐,搅匀,并用写有“盐”字的胶带纸粘在杯子外侧。

③ 把两只纸杯同时放入冰箱的冷冻室里。

④ 每隔 30 分钟,观察一次两只纸杯里水的情况,直到看到一只纸杯里的水先结冰。

⑤ 24 小时后,再打开冰箱冷冻室的门,取出两只纸杯,观察它们是否都结冰。

实验结果

24 小时后,盐水还没有结冰。

实验揭秘

食盐溶解于水中,从固定变成液体需要热能,所以盐会夺取周围水的热能,使水温降低。普通的纯水在 0℃ 时,水分子就会开始结冰,形成六方体的冰晶结构。但在加入食盐的情况下,盐分子均匀地分布在水分子之间,会阻碍水分子连结的过程。只有在0℃以下更低的温度时，盐水才有可能结成冰块。

61. 温度计为什么能显示温度

你将知道

在室温下,如何使温度计上的温度快速下降。

准备材料

一支室外温度计,一团棉球,一瓶消毒酒精。

实验步骤

① 将温度计在桌上放3分钟,然后温度计上的读数就是此时的室温。

② 用嘴向温度计的球部吹气,吹15次。然后记下温度计上的读数。

③ 用酒精将棉球弄湿。

④ 将湿棉球扯成薄薄的一层包住温度计的球部。

⑤ 用嘴向温度计上包着湿棉球的地方吹气,吹15次。

⑥ 然后记下此时温度计上的读数。

实验结果

对着温度计的球部直接吹气时,温度计的温度会上升。用湿棉球包住温度计的球部,再吹气时,温度计的温度会下降。

实验揭秘

从嘴里呼出的气,温度约为37℃,比室温高,温度计里的液柱受热膨胀而上升,所以温度计上的显示温度会上升。包住温度计球部的酒精有冷却的作用,这是由于蒸发引起的。蒸发是液体吸收热能变为气体的现象。酒精在蒸发时,会从温度计的球部夺取热能，温度计的球部因变冷而收缩，所以液柱下降，使得温度计上的显示温度下降。

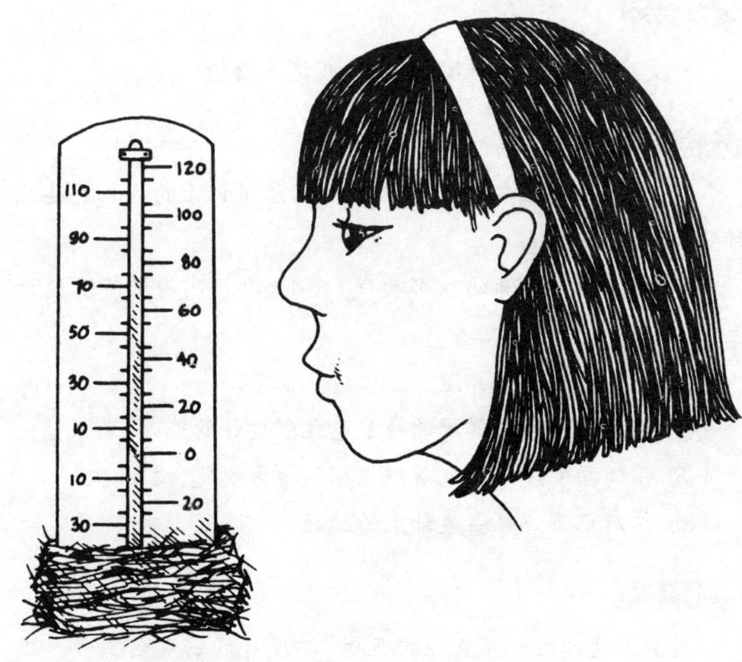

注：这支温度计表示的是华氏温度。

62. 闪亮的字

你将知道

如何用盐水写出亮晶晶的字。

准备材料

一些食盐，一张黑纸，一支画笔，一把茶匙(5 毫升)，一台电烤箱(注意:使用电烤箱时，要请大人帮忙)，一只玻璃杯。

实验步骤

① 将玻璃杯装上 1/4 杯的水，然后往里加入 3 茶匙的食盐，搅拌均匀。

② 请大人把电烤箱通电加热至65℃。

③ 用画笔蘸盐水在黑纸上写字。

④ 关掉电烤箱的开关，将写有字的黑纸放进电烤箱烘干。

⑤ 从电烤箱里取出那张纸。

实验结果

在黑纸上会出现白色闪亮的字。

实验揭秘

黑纸上的盐水被烘干以后，水分蒸发掉，就会留下盐的白色结晶。蒸发是液体变为气体的过程。液态的物质分子在不停地朝不同方向，以不同的速度运动着。当液态的分子到达液体表面，当其速度高到能冲破分子间的引力时，就会挣脱液体变成气体进入空气中。用电烤箱加热，是为了加快纸张上水的蒸发速度。

盐
RUSS
+
GINGER

63. 白色毛茸茸的木炭

你将知道

木炭上为什么会出现白色毛茸茸的结晶体。

准备材料

4～5 块木炭，一瓶氨水，一把汤匙（15 毫升），一些漂白剂，一只玻璃杯，一只大玻璃碗。

实验步骤

① 把木炭全部放入玻璃碗里。

② 在一只玻璃杯里倒进一汤匙氨水、一汤匙食盐、一汤匙水及两汤匙漂白剂，搅拌均匀。

③ 将玻璃杯里的液体倒在碗里的木炭上。

④ 静置 72 小时后观察木炭的情形。

实验结果

木炭的表面会出现白色毛茸茸的结晶，碗的内壁也会出现一些白色毛茸茸的结晶。

实验揭秘

在这个实验中，几种化学物质会溶解在水中，形成溶液。当溶液中的水分蒸发后，会在溶液表面形成薄薄的一层结晶。这些结晶体像海绵一样有很多的小孔，因此下方的溶液会渗透进小孔，当小孔里的水分蒸发以后，又会在溶液表面形成另一层结晶体，如此不断反复，木炭表面就会产生一层又一层堆积着的白色毛茸茸的结晶体。

漂白剂
氨水
木炭
盐

64. 动手制作霜

你将知道

盐对水温的影响。

准备材料

一些小冰块，一些食盐，一把汤匙(15 毫升)，一只金属杯(500 毫升)。

实验步骤

① 将金属杯装满冰块。
② 往杯里倒满水。
③ 静置几分钟，直到杯外有水滴出现。
④ 往杯里的冰水中加入 3 汤匙食盐，轻轻搅匀。
⑤ 静置几分钟，直到杯子外侧出现一层薄薄的霜状物质。

实验结果

金属杯的外侧先是出现水滴。往冰水中加盐以后，杯子外侧的水滴会结冰。

实验揭秘

空气中含有水蒸气。当水蒸气接触到冷的金属杯时，水蒸气就会变成水。当盐溶解在水中时，从固态变成了液态，要从水中吸热，所以会降低冰水的温度，使得金属杯体温度下降到 0℃以下，于是杯壁上的水滴就凝结成了薄霜。

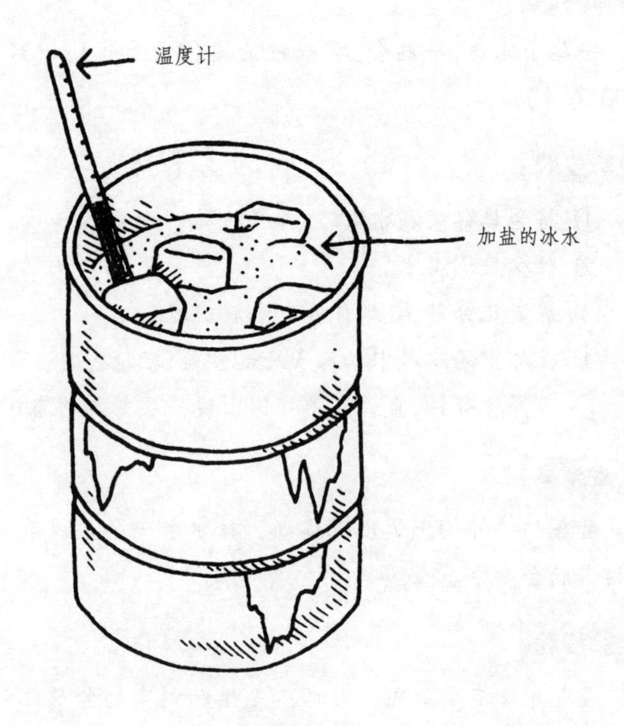
温度计
加盐的冰水

65. 长针状的结晶

你将知道

硫酸镁溶液会形成细长的针状结晶。

准备材料

一只盘子，一张黑纸，一些硫酸镁（俗称泻盐），一只带盖的小广口玻璃瓶，一把汤匙（15 毫升），一把剪刀。

实验步骤

① 将玻璃瓶装上半瓶水。

② 往玻璃瓶中加入两汤匙硫酸镁，然后盖紧瓶盖。

③ 用力摇动玻璃瓶 60 次，然后静置在一旁。

④ 将黑纸剪成能刚好放入盘子里的大小，将黑纸放在盘子上。

⑤ 把少许的硫酸镁溶液倒在黑纸上，形成一层薄膜。

注意：不要倒入未溶解的硫酸镁结晶。

⑥ 将盘子在温暖的地方静置几天。

实验结果

黑纸上会出现长针状的结晶。

实验揭秘

硫酸镁的结晶是长针状的。市面上常见的是粉末状的硫酸镁，所以看不到它的本来面目。随着硫酸镁溶液中水的蒸发，肉眼看不见的小颗粒开始聚集形成结晶。当溶液中的水完全蒸发以后，就会出现长针状的硫酸镁结晶。

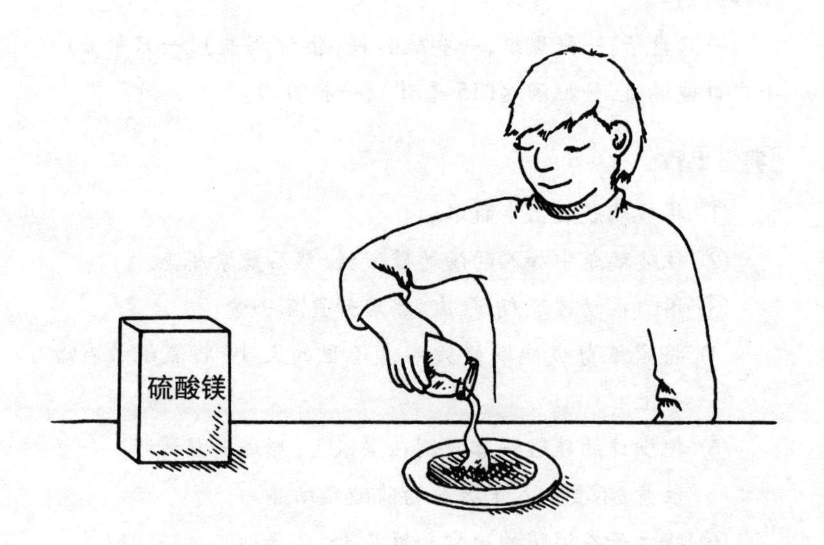
硫酸镁

66. 自制蕾丝状的结晶体

你将知道

蕾丝般的结晶体是如何形成的。

准备材料

一些食盐，一把汤匙（15 毫升），一只广口玻璃瓶，一张黑纸，一只量杯（250 毫升），一卷胶带纸，一把剪刀。

实验步骤

① 往玻璃瓶里倒进半杯水。

② 往瓶里加入 3 汤匙的食盐，搅拌均匀。

③ 将黑纸剪成宽 1.5 厘米、长约为玻璃瓶高度一半的纸条。

④ 将纸条粘在瓶子的内壁。

⑤ 把玻璃瓶放在明亮的地方，静置 3～4 周。每天观察一次玻璃瓶内的情况。

实验结果

数天以后，纸条上会出现蕾丝般的结晶体。静置的时间越长，纸条上蕾丝般的结晶体就越多。

实验揭秘

盐水会慢慢浸湿纸条，并沿着纸条上升。当纸条上的水分渐渐蒸发时，纸条上就会有小盐粒聚积，小盐粒越积越大，使人肉眼可以看到。等到水分完全蒸发以后，纸条及纸条周围的瓶子内壁上都会出现大量蕾丝般的结晶体。

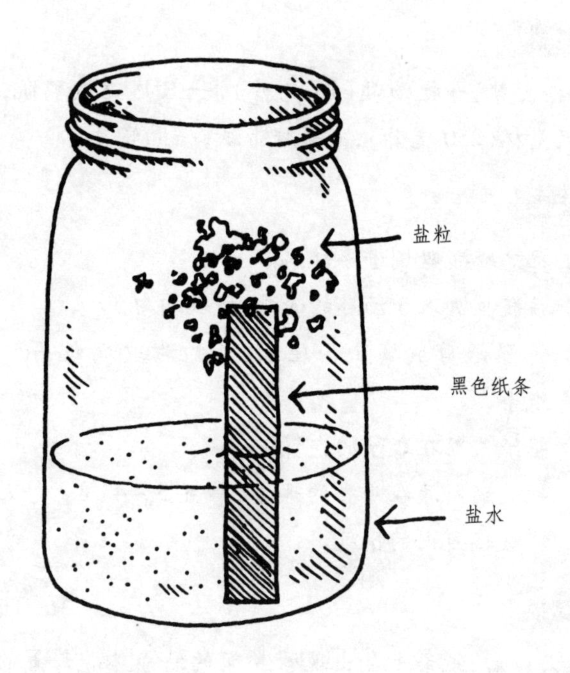
盐粒
黑色纸条
盐水

67. 盐的立方体结晶

你将知道

如何制造盐的立方体结晶。

准备材料

一张盘子,一张黑纸,一把剪刀,一些食盐,一把汤匙(15 毫升),一只带盖的小广口玻璃瓶。

实验步骤

① 将玻璃瓶装上半瓶水。

② 往瓶中加入一汤匙半的食盐,并盖紧瓶盖。

③ 用力摇动玻璃瓶 30 次,然后将它静置在一旁。

④ 把黑纸剪成盘子大小的圆形纸片,将黑纸片放在盘子上。

⑤ 在盘子中的黑纸上倒入薄薄的一层盐水,尚未溶解的盐粒不可倒入。

⑥ 将盘子在温暖的地方静置数天。

⑦ 每天观察一次。

实验结果

黑纸上会出现小而透明的立方体结晶,而且一天比一天大。

实验揭秘

当水分蒸发以后,盐的结晶体会留在纸上。盐的结晶体是立方体的。先是肉眼无法看到的小而无色的结晶体出现。随着水分蒸发量的变大,小盐晶越积越大,最后就可以明显地看到变大的立方体结晶。

68. 液体变为固体

你将知道

熟石膏在加水后会凝固。

准备材料

一些熟石膏粉,一只量杯(250 毫升),一把汤匙(15 毫升),一只纸杯,一只塑料茶匙。

实验步骤

① 把 1/3 量杯的熟石膏粉倒入纸杯内。

② 往纸杯里倒入 3 汤匙的水,用塑料茶匙搅拌均匀。

注意:熟石膏不能丢在水槽内,以免引起下水道堵塞。将用过的塑料茶匙扔进垃圾筒。

③ 每隔 20 分钟轻轻握住纸杯,观察一次纸杯内的情况。

实验结果

熟石膏刚开始像泥浆。每隔 20 分钟观察到的变化如下:

(a) 20 分钟后:水会浮在熟石膏上。

(b) 40 分钟后:熟石膏会变成泥浆状。

(c) 60 分钟后:熟石膏会变得很黏稠。

(d) 80 分钟后:熟石膏开始变硬。

(e) 120 分钟后:熟石膏凝固,但仍有些潮湿。

(f) 140 分钟后:熟石膏完全变成了硬块。

在熟石膏发生变化的期间,纸杯是热的。

实验揭秘

熟石膏原是透明、有光泽的结晶体。市面常见的是弄成粉状的石膏粉，所以看不出其本来的形状。在生产过程中，熟石膏会被加热以除去水分，所以就称为熟石膏。熟石膏加水后会凝固，但是不会恢复到原来透明、有光泽的形态。在熟石膏加水凝固的过程中会放热，所以装熟石膏的纸杯是热的。

Ⅵ. 有趣的溶液

69. 彩色的水

你将知道

溶液中的溶质和溶剂。

准备材料

一只玻璃杯,一些颜色较深的果汁粉,一根扁平的牙签。

实验步骤

① 将玻璃杯装半杯水。

② 用牙签扁平的一面去舀些果汁粉。

③ 轻轻摇动牙签,使果汁粉撒在玻璃杯里的水面上。

④ 从杯子外侧观察杯里的情况。

⑤ 用牙签往玻璃杯里不断地加入果汁粉,直到有明显的颜色才停止。

实验结果

往水中加入果汁粉时,粉末会沉入水中。粉末最后会完全消失。

实验揭秘

果汁粉末会溶解在水中。溶解就是物体变小,逐渐形成不明显的微小颗粒,最后在溶剂中均匀地分散开来。在这个实验中,溶质指的是果汁粉,而溶剂是水。溶质与溶剂组合就形成了溶液。

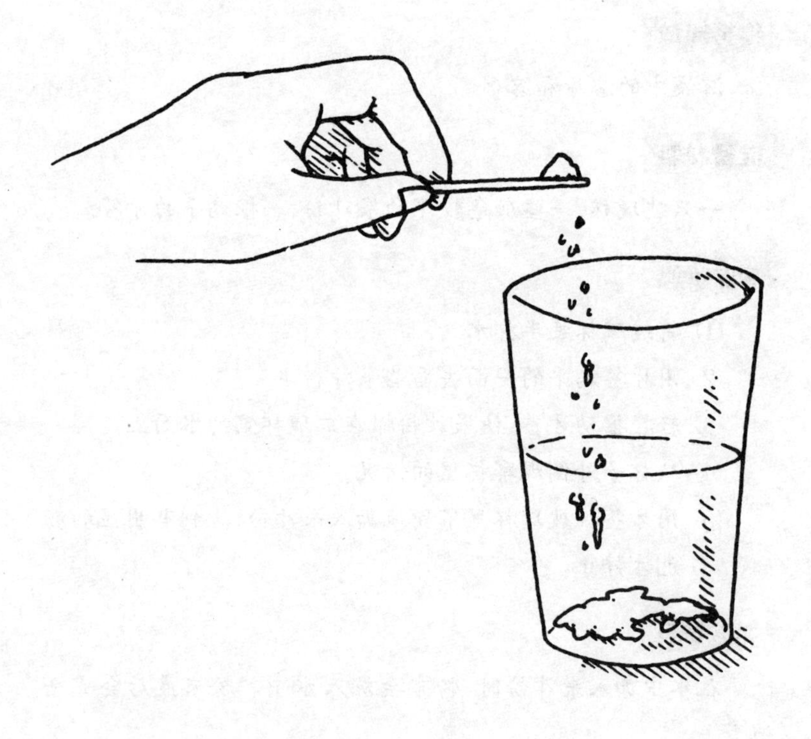

70. 甜的溶液

你将知道

如何将糖果快速溶解。

准备材料

3 颗一样的软糖。

实验步骤

① 把一颗软糖含在嘴里，不要咬，也不要用舌头拨弄。记下软糖完全溶化所花的时间。

② 把第二颗软糖放进嘴里，用舌头前后拨动软糖，但不可咬碎。记下软糖完全溶化所花的时间。

③ 把第三颗软糖放进嘴里，一边用舌头舔，一边用牙齿咬。记下软糖完全溶化的时间。

实验结果

第三次所花的时间比前两次所花的时间都要少。

实验揭秘

软糖含在嘴里会被唾液逐渐溶解，形成溶液。溶液包括溶质与溶剂两部分。在这个实验中，溶剂是唾液，溶质是软糖。在溶液中，溶质会均匀地分布在溶剂中。软糖溶化得快，除了唾液的作用外，再加上边咬边舔的配合，使软糖迅速变小，就会缩短软糖溶化的时间。

软糖
时间

71. 速溶浓汤

你将知道

如何制作速溶浓汤。

准备材料

两块固形汤，两只杯子。

实验步骤

① 在一只杯里倒进冷开水，再放入一块固形汤，然后静置一旁。

② 在另一只杯里倒进热开水，再往杯里放入一块固形汤，然后搅匀。

实验结果

将固形汤放入热开水里并搅拌比放入冷开水中更容易溶解。

实验揭秘

当固体溶解时，溶质会均匀地分布在溶剂中。在这个实验中，固形汤为溶质，水为溶剂。热会加速水分子的运动。当水分子与固形汤的颗粒碰撞时，会使固形汤变小，再加以搅拌，会使固形汤的颗粒变得更小，更快地溶解在水中。若把固形汤放入冷开水中，虽然最后固形汤也会溶解在水中，却比较费时间。如果再加以搅拌，会使固形汤的溶解速度加快一些。

72. 黑色的墨水中只有黑色颜料吗

你将知道

单色的墨水可以分解成不同的颜色。

准备材料

一支绿色的签字笔,一支黑色的签字笔,一张圆形过滤纸,一只盘子,一枚回形针。

实验步骤

① 如右页图中所示,把过滤纸对折两次。

② 在过滤纸边缘2.5厘米处,用绿色的签字笔画一暗绿色块。

③ 如右页图中所示,在过滤纸的同一面,用黑色签字笔画一黑色色块。两种色块相隔几厘米。

④ 用回形针将过滤纸的折边固定在一起,使它呈圆锥形。

⑤ 将盘子装满水,将圆锥形过滤纸竖立在盘子上,并使过滤纸边缘浸入水中,静置1小时。

实验结果

1小时后,颜色会散开,在黑色色块上方出现了蓝、黄、红色的条纹,而绿色色块上方出现了蓝色和黄色的条纹。

实验揭秘

黑色和绿色的墨汁是由多种颜料组合而成的。当溶有颜料的溶液沿纸的边缘往上爬升时,颜料就会跟着往上升。由于各种颜料的轻重不同而爬升的高度也有不同。轻的颜料会移动到最上层，重的颜料则在最下层。

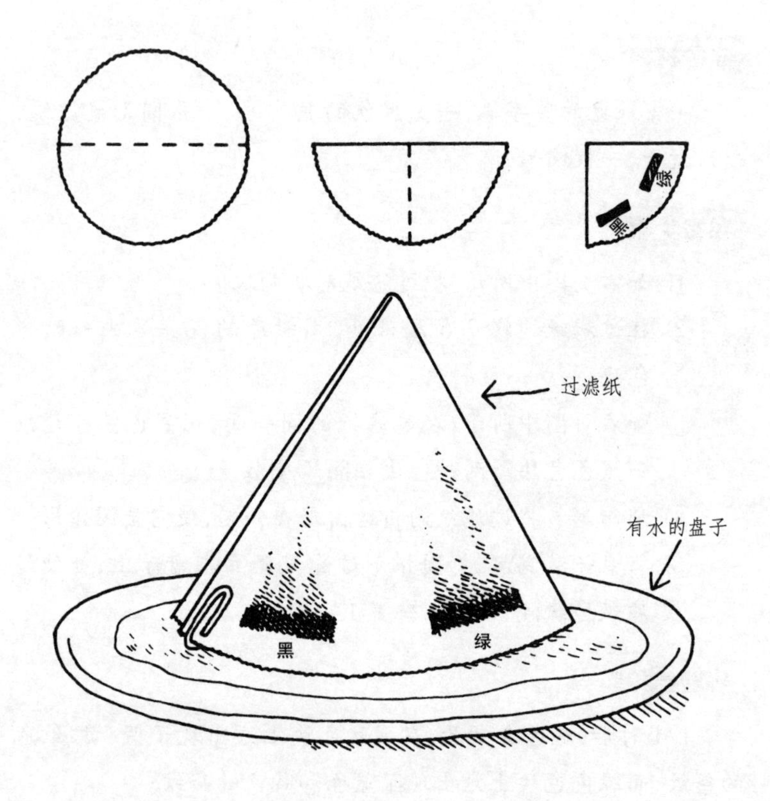

73. 制造雪景

你将知道

如何制造小雪景。

准备材料

一只带盖的广口玻璃瓶，一些粉状硼酸，一把茶匙(5 毫升)。

实验步骤

① 在玻璃瓶内加入 5 茶匙粉状硼酸。

② 将瓶子装满水，盖紧瓶盖。

③ 用力摇动玻璃瓶，使水与硼酸混合均匀，然后将玻璃瓶静置一旁。

实验结果

一部分的硼酸会溶解在水中，而大部分的硼酸会像雪花般地沉在瓶底。

实验揭秘

硼酸不易溶解于水中。往水中加入少量的硼酸，就会形成饱和溶液。往饱和溶液中，再加入硼酸晶体，硼酸晶体会保持原状。摇动玻璃瓶时，无法溶解的硼酸晶体会全部浮在水上，过一段时间，由于重力的作用，硼酸结晶会沉到瓶底，形成雪花一般的结晶。

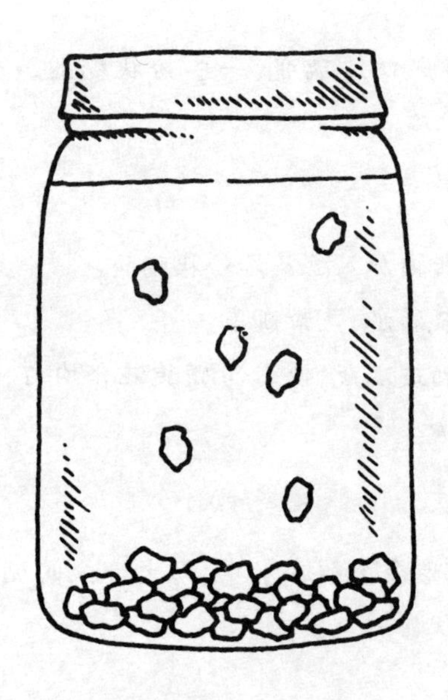

74. 夹在水与油之间的水滴

你将知道

观察着色的水滴漂浮在水和油层之间。

准备材料

一瓶食用油，一只量杯(250 毫升)，一只玻璃杯，一瓶食用色素，一根滴管，一支铅笔。

实验步骤

① 往玻璃杯内倒入 1/4 杯的水，再慢慢地倒入 1/4 杯的食用油。

② 用滴管将 5 滴色素滴在杯内。

③ 将玻璃杯拿至眼睛的高度，观察油层下面的情况。

④ 用铅笔试着将有颜色的水滴压进水层中。

实验结果

水和油无法混合，所以会形成两层，油在上层。有颜色的水滴有的漂浮在油面下，有的则浮在水面上。当有颜色的水滴碰到水时，就会立即破裂并溶解在水中。

实验揭秘

油与水不相溶，所以油与水会分成两层。含有水的色素不溶于油，如果色素小水滴很小，就会形成小水滴在油层中漂浮着，此时，小水滴被油包围着，无法到达水层。用铅笔试着把小水滴压进水中，色素小水滴就会立刻溶于水中。

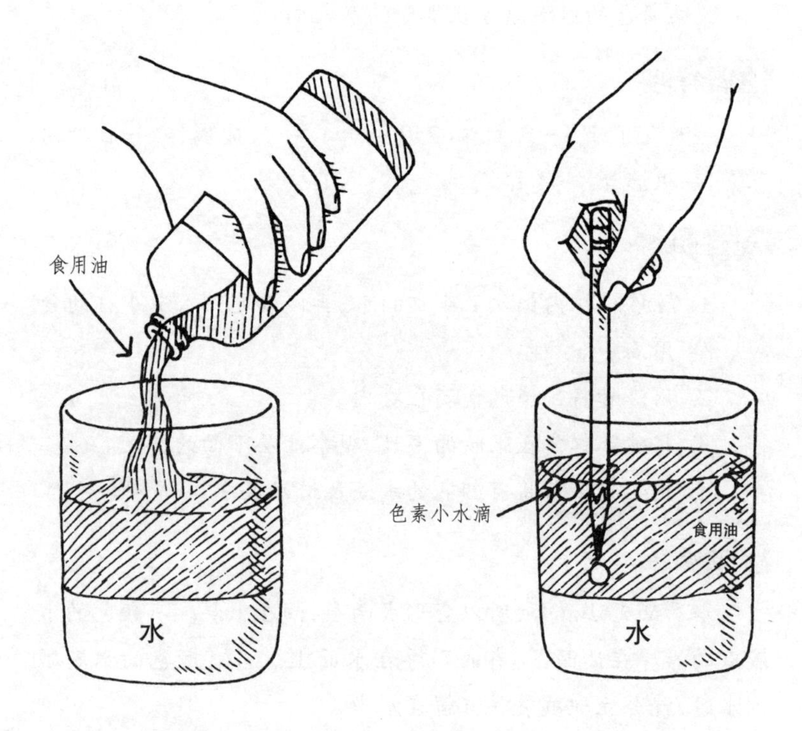
食用油
水
色素小水滴
食用油
水

75. 如何比较茶的浓度

你将知道

如何比较两杯茶的浓度。

准备材料

一盒速溶茶粉，一把茶匙(5 毫升)，两只透明的玻璃杯。

实验步骤

① 将两只杯子都装满水。

② 往一只杯子里加入 1/4 茶匙的茶粉，搅拌均匀。

③ 在另一只杯子里倒进满满一茶匙的茶粉，搅拌均匀。

④ 比较两只杯子里茶水的颜色。

实验结果

第一只杯子里茶水的颜色更淡。

实验揭秘

茶水的颜色越深，表示茶水的浓度越高。在这两杯茶中，放入少许茶粉的，茶色比较淡，就称为“稀薄溶液”。而放入较多茶粉的，溶解的茶粉更多，茶的浓度更高，称为“浓厚溶液”。溶液是由溶质和溶剂组成的。溶质是指溶解在液体中的物质。在这个实验中，茶是溶质，水是溶剂。

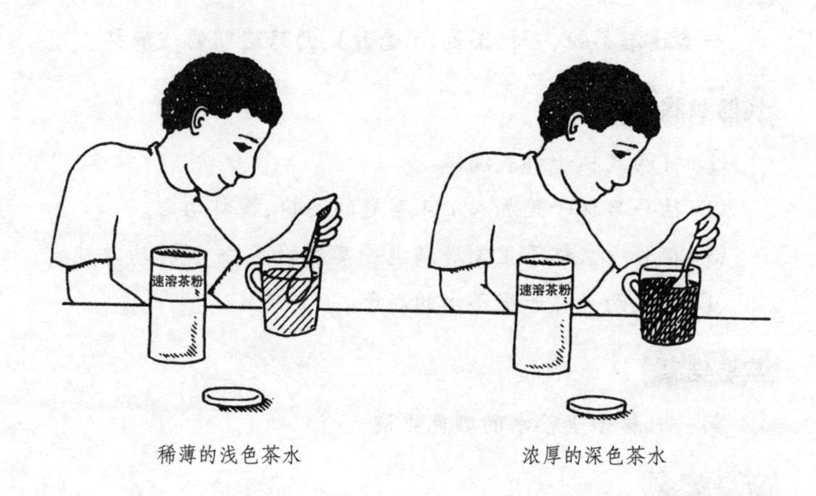

稀薄的浅色茶水　　浓厚的深色茶水

76. 如何把固体和液体分离

你将知道

可以利用离心力把固体和液体分开。

准备材料

一把小锤子，一根铁钉，一只金属罐，一根长 60 厘米的细绳，一些面粉，一把汤匙(15 毫升)。

实验步骤

① 在罐子上方的外侧，用锤子和钉子敲两个相对的洞。

② 将细绳的两端分别穿过两个洞口，打结，固定。

③ 将罐子装半罐水。往罐子里加入两汤匙面粉，搅拌均匀。

④ 在空旷的地方且四周无人时，拉着绳子的中心使罐子绕着身体旋转 15 次。

⑤ 将罐内的溶液倒少量到空的玻璃杯里。如果溶液仍然浑浊，则再旋转罐子。

⑥ 一直到溶液浑浊的现象消失时为止。

实验结果

溶液的上半部分会变得清澈透明。

实验揭秘

面粉与水混合，也就是固体与液体混合。当溶液饱和时，多余的固体无法溶解，便会沉淀在杯底。将溶液加以旋转，溶液中的固体沉淀的速度就会加快。同时，旋转会产生将物质甩向外侧的离心力。离心力会使溶液中的面粉颗粒全部往罐底沉淀。

77. 河床上为什么会有沙石沉淀

你将知道

无法溶解在水中的物质最终会沉淀下来。

准备材料

一些面粉,一把汤匙(15毫升),一些干的大豆,一只带盖子的广口玻璃瓶。

实验步骤

① 将两汤匙的大豆和两汤匙的面粉同时放入玻璃瓶。

② 将玻璃瓶装满水。

③ 盖紧瓶盖。

④ 用力摇动玻璃瓶,使瓶内的物品充分混合。

⑤ 静置20分钟。

⑥ 观察瓶内的情形。

实验结果

大豆会先下沉,然后一层面粉会盖在大豆上。

实验揭秘

大豆与面粉无法溶解于水中。当瓶子停止摇动,瓶内的物质受到重力的作用会下沉。大豆最重,所以最先下沉。而面粉的小颗粒,会浮在水中一段时间,但最终还是会下沉。这种固体小颗粒悬浮在水中的混合物,称为“悬浊液”。很急的浑浊水流中会夹杂许多泥土、沙石。当水流的流速变缓时,水流中的沙石和泥土便会分别一层一层地沉在河床上。

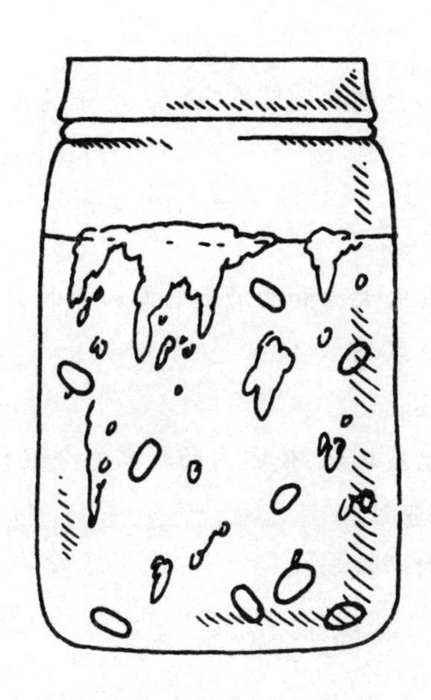

78. 丁达尔现象

你将知道

固体微粒悬浮在水中的现象。

准备材料

一把剪刀，一只大纸盒，两只透明的玻璃杯，一些面粉，一把手电筒，一支铅笔，一把茶匙(5 毫升)。

实验步骤

① 将大纸箱的开口朝下倒立在桌上。

② 如右页图中所示，用铅笔尖的一端在纸箱的一侧开个小圆洞。洞的高度为玻璃杯的一半高。

③ 在小洞相邻的一侧距边角约 5 厘米的地方，用剪刀剪出一个边长为 2.5 厘米的正方形窗口，以便观察。窗口的高度为玻璃杯的一半高。

④ 将两只玻璃杯都装上 3/4 杯的水。

⑤ 在其中一只玻璃杯内放入一茶匙面粉，搅拌均匀。

⑥ 将装有水和面粉混合液的玻璃杯放进纸箱，放在从正方形窗口可以看得见的位置。

⑦ 打开手电筒，靠近小洞口。

⑧ 从窗口观察光线透过液体时所发生的现象。

⑨ 然后换成只装有水的玻璃杯放进纸箱，同样观察光线透过水的现象。

实验结果

在光线的照射下，装有面粉和水的混合液看起来很模糊。

可以看见,面粉微粒浮在水中。而只装有水的玻璃杯,则看不出有什么异样。

实验揭秘

水和面粉混合,形成悬浊液。悬浊液中均匀地分布着面粉微粒。过了一段时间,重力会将面粉微粒往下拉,沉淀在容器底部。当手电筒照射悬浮液时,悬浊的微粒会阻挡光体,造成光的散射,所以液体看起来很模糊。而清水不会造成光的散射现象。悬浊的微粒所造成的光的散射现象,是英国科学家约翰·丁达尔发现的,因此被命名为“丁达尔现象”。

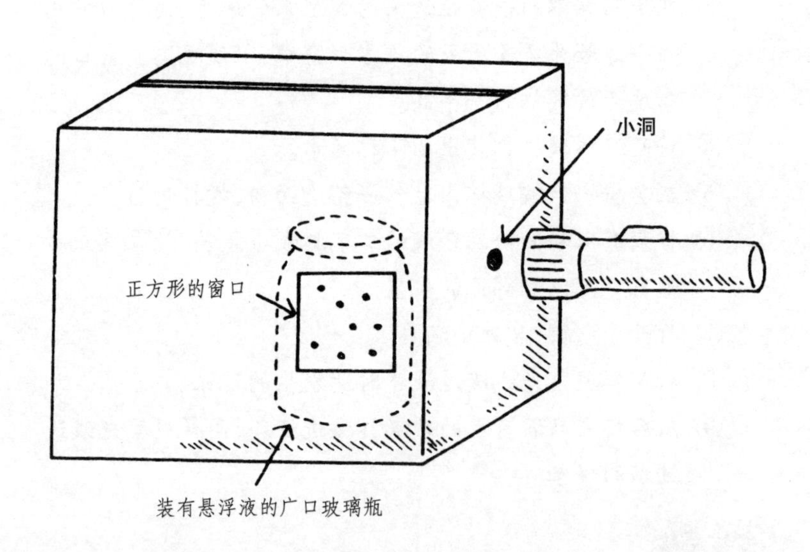

79. 水和油不相容

你将知道

油和水无法混合，会形成上下两层。

准备材料

一瓶食用油，一只量杯(250 毫升)，一瓶蓝色的食用色素，一只带盖的广口玻璃瓶。

实验步骤

① 将半杯水倒进玻璃瓶。

② 滴 5 滴蓝色食用色素于玻璃瓶内，使水变成蓝色。

③ 往玻璃瓶里慢慢地倒入 1/4 杯食用油。

④ 盖紧瓶盖，然后用力摇动玻璃瓶 10 次，使瓶内的液体充分混合。

⑤ 然后把玻璃瓶放在桌上，观察瓶内有何变化。

实验结果

刚开始，瓶子里的液体看起来似乎混合在一起。几秒钟以后就分为 3 层。几分钟以后，就变成了 2 层。每一层的液体中都有液泡出现。

实验揭秘

油和水无法溶合在一起，这种不相溶的混合液，称为“乳浊液”。当你用力摇动玻璃瓶时，可促使油和水互相混合，但很快地水和油又分离开来。水比油重，因此水在下层，有时油滴也会混入其中。在中间一层，水和油均匀混合，其性质是比油重但比水轻,所以夹在中间。最上层是含有少量水滴的油层。大约8小时后,水滴和油便会完全分离,形成明显的水层和油层。而食用色素是水溶性的,所以只有在水层里才会溶解。

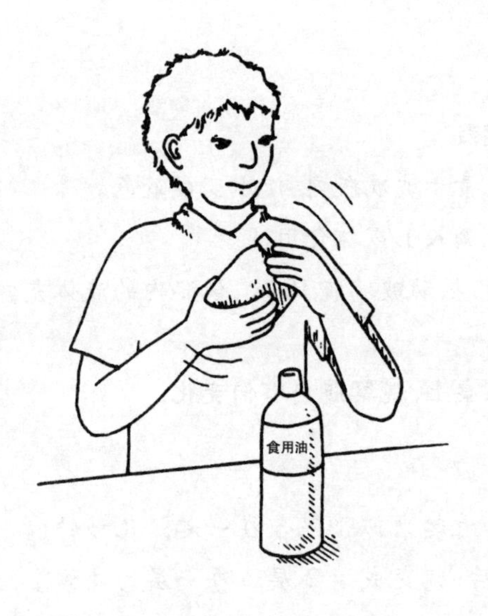

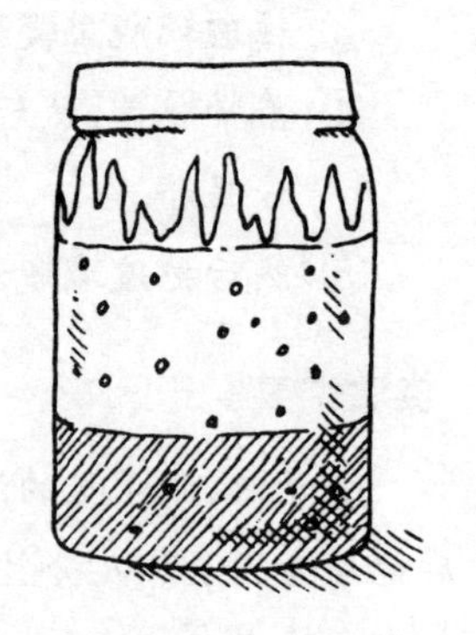

80. 消失的颜色

你将知道

在有颜色的溶液中不断加水,最后溶液的颜色会消失。

准备材料

一只大的广口玻璃瓶(4.5 升),一只量杯(250 毫升),一瓶红色食用色素。

实验步骤

① 往玻璃瓶里倒入半杯水。

② 往玻璃瓶里的水中滴入一滴红色的食用色素,搅匀。

③ 往瓶里一次加一杯水,直到水中的色素消失为止。

实验结果

大约要加 7 杯的水,才会使玻璃瓶中的水重新变成无色。

实验揭秘

最初玻璃瓶中的水是红色的,是由于红色色素溶于水中,色素分子离得很近,所以我们看到的水是红色的。在不断地往玻璃瓶中加水的过程中,相同数量的色素分子会均匀地分布在水中,但色素分子之间的距离变远,最后我们的肉眼就无法看见红色了。

81. 自制香水

你将知道

如何用香料制造香水。

准备材料

一只带盖的小玻璃瓶,一瓶消毒酒精,15 粒丁香。

实验步骤

① 将丁香全部放入玻璃瓶内。

② 将玻璃瓶装上半瓶的消毒酒精。

③ 盖紧瓶盖,静置 7 天。

④ 然后打开盖子,用手指蘸点瓶中的溶液在你的手腕上。

⑤ 等酒精挥发以后,闻闻你的手腕。

实验结果

手腕上会有淡淡的香味。

实验揭秘

把丁香的果实放在酒精里浸泡数日,果实内的香料油会溶解在酒精中。当你把一点溶液涂抹在手腕上时,酒精会挥发而丁香的香味则会留在你的手腕上。同理,可将不同的香料浸泡在酒精中来制造不同香味的香水。

外用
酒精
丁香

Ⅶ. 热

82. 会冒红烟的水

你将知道

红色的冷水向下流到热水中的情形。

准备材料

一只大的广口玻璃瓶,一瓶红色食用色素,一只小玻璃瓶,一张边长为 15 厘米的正方形铝箔纸,一根橡皮筋,一支铅笔,一块冰块。

实验步骤

① 往小玻璃瓶里放入冰块,然后加满冷水。

② 往大玻璃瓶里倒入热水,倒至距瓶口 2.5 厘米处。

③ 取出小玻璃瓶里的冰块,滴 6 ~7 滴红色食用色素于小玻璃瓶里。

④ 用铝箔纸罩住小玻璃瓶的瓶口,并用橡皮筋扎紧。

⑤ 用铅笔尖的一端在铝箔纸上戳个小洞。

⑥ 将小玻璃瓶快速倒立,使铝箔纸上的小洞对着大玻璃瓶的瓶口。

⑦ 用手指慢慢地、轻轻地敲打小玻璃瓶的瓶底。

实验结果

红色冷水会在热水里向下沉。红色冷水经敲打后,会流入玻璃瓶而在热水中像烟圈般地慢慢扩大起来。

实验揭秘

冷水比热水重，是因为冷水中的水分子比较密集。水分子跟别的物质一样会热胀冷缩，也就是遇低温时会聚集，遇高温时会扩散。在这个实验中，色素对水的重量影响微乎其微。因此，更重的冷水会朝较轻的热水下方下沉。

83. 自制喷泉

你将知道

红色的热水在冷水中喷水的情形。

准备材料

两只大的广口玻璃瓶，一瓶红色食用色素，一只小玻璃瓶，一张边长为 15 厘米的正方形铝箔纸，一根橡皮筋，一支铅笔，4～5块冰块。

实验步骤

① 往一只大玻璃瓶里放入 4～5 冰块，然后加满冷水。

② 将小玻璃瓶里装满热水，滴入 6～7 滴红色食用色素，搅拌均匀。

③ 用铝箔纸包住小玻璃瓶的瓶口，再用橡皮筋扎紧。

④ 把小玻璃瓶放入另一只空的大玻璃瓶中。

⑤ 将那只装有冰块和水的玻璃瓶里未融化的冰块取出，然后将瓶里的冰水倒至另一只装有小瓶子的大玻璃瓶中，使大玻璃瓶装满冰水。

⑥ 用铅笔尖的一端在小瓶子上的铝箔纸上戳个小洞。

⑦ 用铅笔的另一端慢慢地、轻轻敲打铝箔纸面。

实验结果

每敲打一次，小瓶子中的红色热水就会像烟圈一般地喷出来。

实验揭秘

跟别的物质一样，水分子在低温下会聚集，而在高温下会远离。因为红色的热水比冷水轻，所以更轻的红色热水会上升到更重的冷水上。如果你在铝箔纸上再戳一个小洞，你会看到红色的热水会不停地从小玻璃瓶中冒出来。这是因为较重的冷水会从一个小洞里流入小玻璃瓶，挤压杯中较轻的热水，使红色的热水从另一个洞里喷出来。

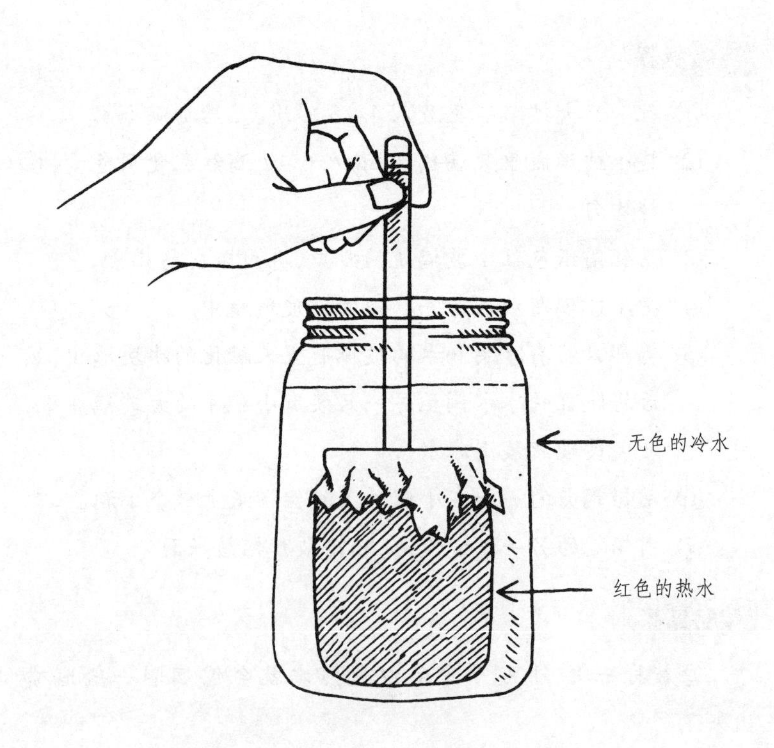

84. 会打鼓的硬币

你将知道

气体膨胀时的情形。

准备材料

一只空的汽水瓶(两升),一枚硬币。

实验步骤

① 将不加盖的空汽水瓶放入冰箱的冷冻室中,放5分钟。

② 然后将硬币浸在水中。从冷冻室中取出空瓶子,立刻用湿的硬币封住瓶口。

实验结果

过一会儿,硬币会像打鼓般上下鼓动并发出声音。

实验揭秘

物质遇冷会收缩。从冷冻室中取出的瓶子,瓶子里的空气压缩,体积变小,所以刚放到室温下时,能装较多的空气。当瓶子温度升高时,瓶子里的空气膨胀,使瓶子里的空气压力升高而往上冲抬硬币。当瓶子里内多余的空气冲出去以后,硬币就回到了瓶口。这个过程反复进行,直到瓶子里的温度与瓶子外的温度相同时,才会停止。

注意:硬币如果没有盖好,与瓶口之间留有缝隙,空气会从缝隙中溜走,就不会产生任何声音了。

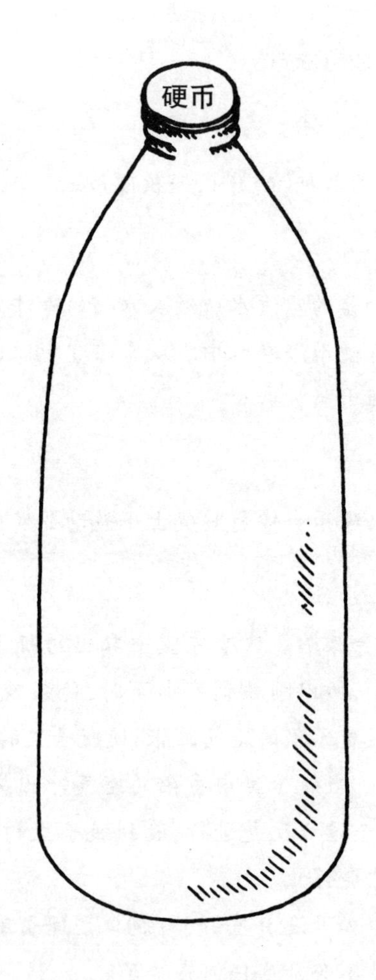
硬币

85. 化学反应的过程会生热

你将知道

化学反应会生热。

准备材料

一团未沾过洗涤剂的铁丝球，一瓶醋，一只量杯(250 毫升)，一支室外温度计，一只带盖的广口瓶(温度计能放入)。

实验步骤

① 往量杯里倒入 1/4 杯的醋。

② 把温度计放入瓶内，盖上盖子。5 分钟后取出温度计，马上记下温度计上的温度读数。

③ 将铁丝球的一半放在醋里浸泡 1 ~2 分钟。

④ 甩掉铁丝球上的醋，然后将铁丝球圈在温度计的球部上。

⑤ 将温度计连同上面的铁丝球一起放入瓶内，盖上盖子。5 分钟后记录其温度读数。

实验结果

第二次温度计显示的温度更高。

实验揭秘

醋会除去铁丝表面的保护层，导致铁丝生锈。在生锈的过程中，铁与空气中的氧结合会释放出热量。热量传给温度计上的液体，液体受热膨胀，液柱就会上升，显示的温度就更高。

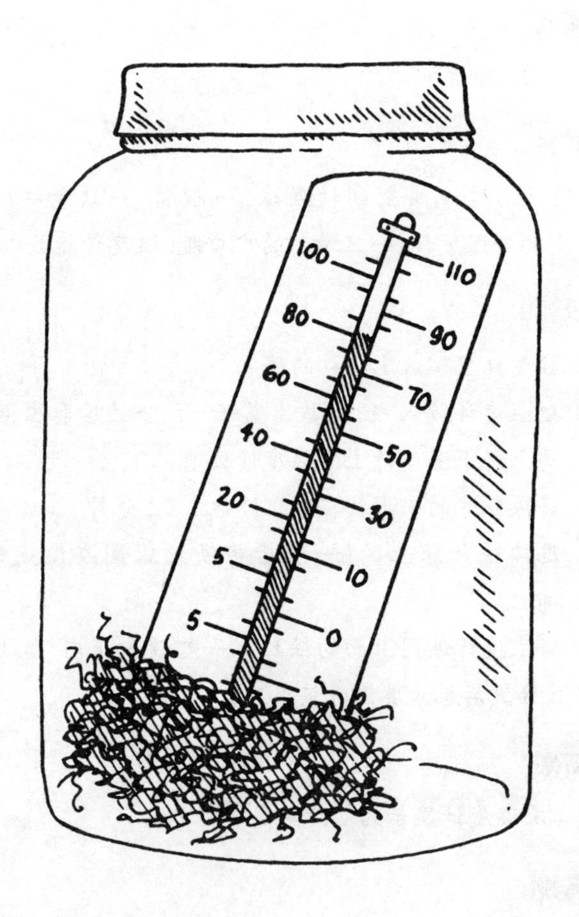
100
110
80
90
60
70
40
50
20
30
5
10
5
0

86. 温度的变化

你将知道

化学反应会引起温度变化。

准备材料

一支室外温度计，一只广口玻璃瓶（可放入温度计），一些漂白粉，一把茶匙（5 毫升）。

实验步骤

① 将玻璃瓶装上大半瓶的水。

② 往玻璃瓶的水中加入一茶匙漂白粉，搅拌均匀。

③ 把温度计放入瓶中的液体中。

④ 每隔 1 分钟观察一次温度计上的读数，连续观察 10 分钟。

实验结果

温度计的温度先是上升，然后保持不变，最后又下降。

实验揭秘

漂白粉与水混合会发生化学反应，慢慢地释放出氧气，并产生热量，使得温度计的温度上升。当化学反应结束以后，温度会停止上升。当热能散发到周围的空气中时，温度就会慢慢下降到室温。

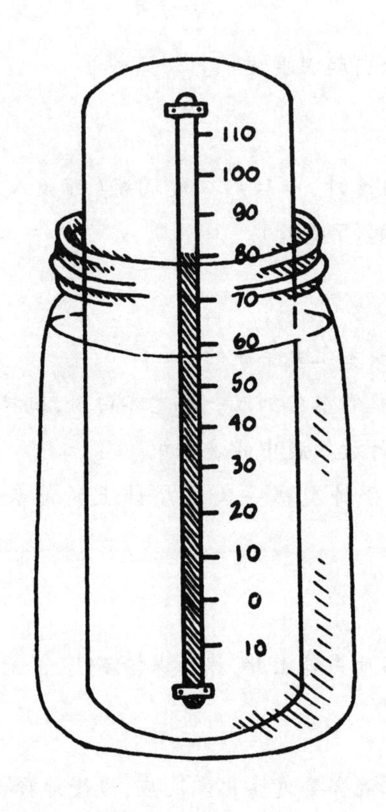
110
100
90
80
70
60
50
40
30
20
10
0
10

87. 人们在夏天为什么爱穿浅色衣服

你将知道

颜色深浅与光波的关系。

准备材料

一盏100瓦的台灯,一张黑纸,一张铝箔纸,一台订书机,两支室外温度计,一把尺子。

实验步骤

① 如右页图中所示,将黑纸折成信封的样子,放入一支温度计,然后用订书机将纸的两边钉住。

② 按照①的步骤,将铝箔纸也一样折好,放入另一支温度计。

③ 记下两支温度计的温度读数。

④ 把台灯放在离两支温度计30厘米的地方。

⑤ 打开台灯的开关,10分钟后记下两支温度计的温度读数。

实验结果

放在黑纸内的温度计的温度读数更高。

实验揭秘

黑色物体会吸收所有的光波,而不会反射光,所以看上去是黑色的。物体吸收有能量的光波的过程会使物体的温度上升。而铝箔纸吸收的光波较少,因此升温幅度更小。夏天大多数人都穿浅色衣服,是因为白色不吸收光,所以能使人感觉凉爽。

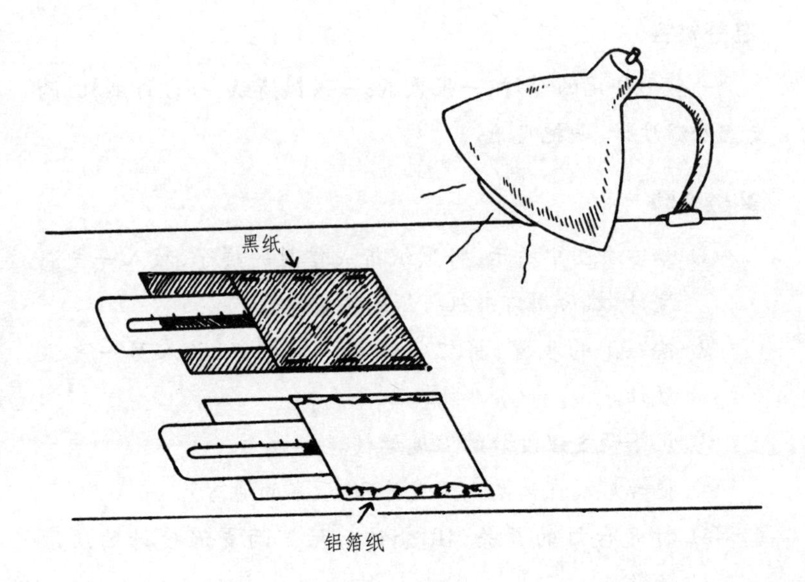
黑纸
铝箔纸

Ⅷ. 酸性与碱性

88. 自制紫色卷心菜指示剂

你将知道

用紫色卷心菜可以制作出可检验溶液的酸性或碱性的指示剂。

准备材料

一只茶叶过滤器,一把汤匙(15 毫升),两只带盖的玻璃瓶,一瓶蒸馏水(1 升),一颗生的紫色卷心菜。

实验步骤

① 请大人帮忙把卷心菜的叶子切碎放入一只玻璃瓶内。

② 请大人帮忙把蒸馏水烧开后倒入放有卷心菜的玻璃瓶内。

③ 将玻璃瓶静置,直到玻璃瓶里的液体温度降至室温。

④ 用茶叶过滤器把溶液过滤至另一只瓶内,然后将叶子丢到垃圾筒里。

⑤ 将紫色卷心菜的溶液保存在冰箱的冷藏室里,需要时再拿出来。

实验结果

卷心菜的溶液会变成蓝色。

实验揭秘

热水可使紫色卷心菜叶里的色素溶解出来。紫色卷心菜的溶液与酸接触会变红，与碱接触则会变绿。因此，紫色卷心菜溶液可以用做酸碱指示剂，以测试溶液是酸性还是碱性。

89. 自制酸碱试纸

你将知道

如何制作能检验溶液酸性与碱性的试纸。

准备材料

几张过滤纸,一瓶紫色卷心菜溶液(做法见实验88),一张铝箔纸,一只大碗,一把剪刀,一只封口能开合的塑料袋,一只量杯(250毫升)。

实验步骤

① 往碗里倒进一量杯的紫色卷心菜溶液。

② 把过滤纸浸泡在紫色卷心菜溶液中。

③ 把几张浸泡过紫色卷心菜溶液的过滤纸并排放在铝箔纸上晾干。

④ 将晾干的过滤纸剪成几张4厘米×8厘米大小的纸条,然后把这些纸条放在塑料袋内,将塑料袋口封好。

⑤ 可用这些试纸来检验溶液的酸碱性。

实验结果

试纸是淡蓝色的。

实验揭秘

紫色卷心菜溶液是蓝色的。当溶液中的水分蒸发以后,试纸就会变成淡蓝色。不管是遇酸或遇碱,试纸的颜色都会改变。

紫色卷
心菜溶液

90. 酸碱试纸如何测试酸性与碱性的物质

你将知道

如何用紫色卷心菜液试纸来检验物质的酸碱性。

准备材料

一张紫色卷心菜液试纸(做法见实验89),一张铝箔纸,一张白纸,两根滴管,一些白醋,一些氨水,两只小玻璃瓶。

实验步骤

① 往一只玻璃瓶内倒入1/4玻璃瓶的白醋。

② 在另一只玻璃瓶内倒入1/4玻璃瓶的氨水。

③ 将白纸放在铝箔纸上。

④ 把试纸放在白纸上。

⑤ 用一根滴管在试纸的一端滴上两滴醋。

⑥ 用另一根滴管在试纸的另一端滴上两滴氨水。

实验结果

氨水会使试纸的一端变成绿色,而醋则会使试纸的另一端变成粉红色。

实验揭秘

紫色卷心菜液试纸可用来检测溶液的酸碱性。碱性溶液会使试纸变绿,酸性溶液会使试纸变成粉红色。在这个实验中,从试纸的颜色变化可以知道:氨水是碱性的,醋是酸性的。

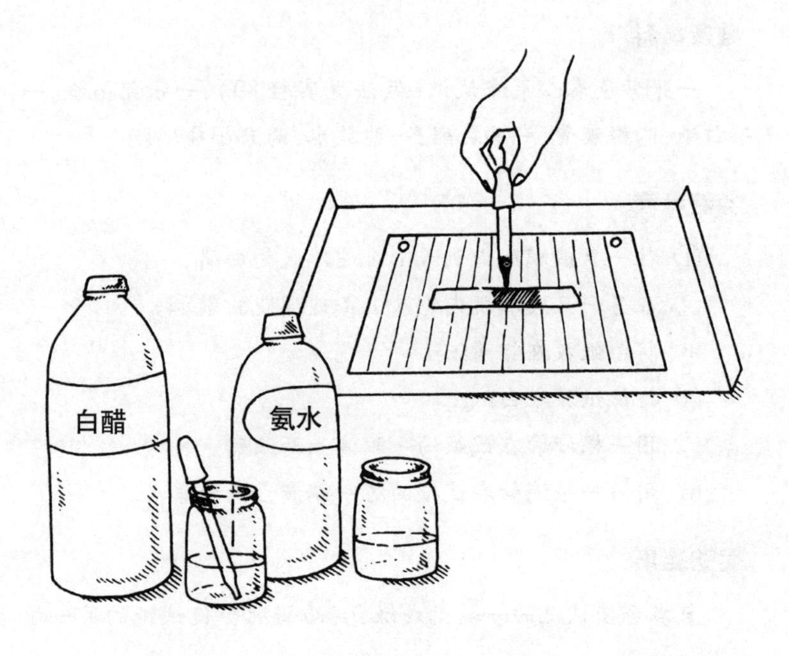
白醋
氨水

91. 酸性还是碱性

你将知道

如何同时检测多种物质的酸碱性。

准备材料

两根滴管，一大张紫色卷心菜液试纸（见实验89），一张白纸，一张铝箔纸，一支铅笔，一些柠檬汁，一些葡萄汁，一些橙汁，一些氨水，一些酸菜。

实验步骤

① 将一张白纸放在铝箔纸上。

② 将一大张紫色卷心菜液试纸放在白纸上。

③ 如右页图中所示，用铅笔在白纸上依次写上要检验的物品名称。

④ 按照白纸上写的物品位置，用一根滴管依次滴两滴的柠檬汁、葡萄汁、橙汁在试纸上的对应位置，然后将滴管洗净。

⑤ 用另一根滴管滴两滴氨水在相应的位置上。

⑥ 再用那根洗净的滴管滴两滴酸菜汁在相应的位置上。

⑦ 观察这些要检验的汁液在纸上的颜色有何变化。

实验结果

氨水在纸上变成绿色，其余的汁液则变成红色或粉红色。

实验揭秘

碱性使紫色卷心菜液试纸变绿色，而酸性会使紫色卷心菜液试纸变成粉红色或红色。能使试纸变绿的氨水是碱性的，而其能使试纸变成红色或粉红色的汁液都是酸性的。水果中含有柠檬酸，酸菜汁中含有醋酸，所以它们都是酸性的。

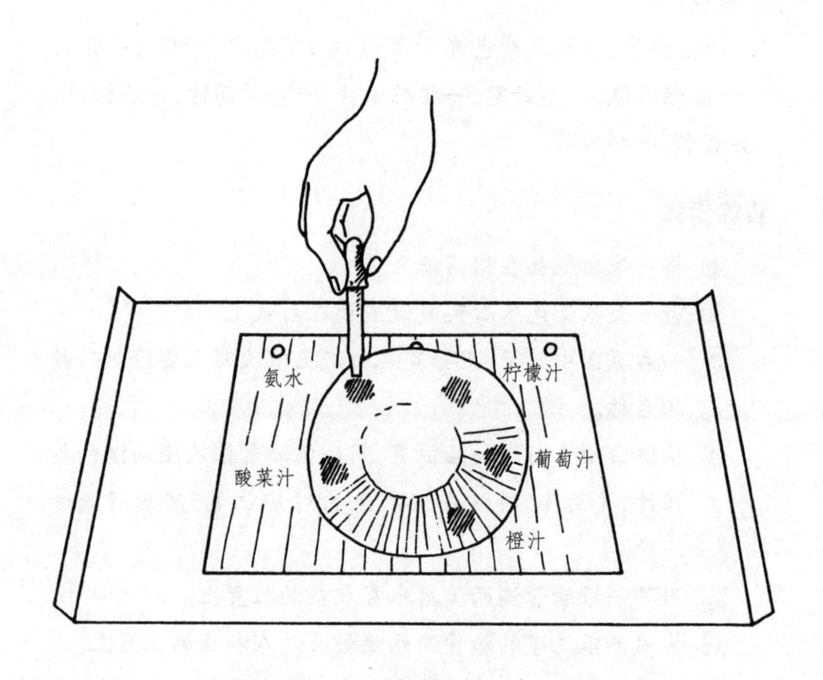

92. 如何检测不同浓度的酸

你将知道

不同浓度的酸在紫色卷心菜液试纸上会形成浓淡不同的颜色。

准备材料

一瓶紫色卷心菜溶液(见实验88),一把剪刀,一张过滤纸,一张铝箔纸,一把茶匙(5毫升),一些明矾粉,一些酒石粉(又称酒石酸氢钾),维生素C粉。

实验步骤

① 在铝箔纸上每隔8厘米的位置依次倒上明矾、酒石及维生素C各半茶匙。

② 将过滤纸剪成2厘米×8厘米大小的纸片。

③ 将第一张过滤纸片的一端浸泡一下紫色卷心菜溶液,然后将纸片湿的一端放在明矾上。

④ 将第二张过滤纸片的一端浸泡一下紫色卷心菜溶液,然后将纸片湿的一端放在酒石上。

⑤ 将第三张过滤纸片的一端浸泡一下紫色卷心菜溶液,然后将纸片湿的一端放在维生素C上。

⑥ 5分钟后,观察这3张纸片的颜色变化。

实验结果

5分钟后,明矾粉上的纸片变成紫色,酒石粉上的纸片变成粉红色,维生素C粉上的纸片则变成玫瑰色。

实验揭秘

酸性的强弱会使试纸颜色的深浅发生变化。强酸会使试纸变成红色，所以在这个实验中，维生素 C 的酸性最强，酒石次之，明矾的酸性最弱。明矾粉的试纸会变成紫色，是因为试纸原本是蓝色的，弱酸性的明矾使试纸微红，两种颜色复合在一起，就变成了紫色。

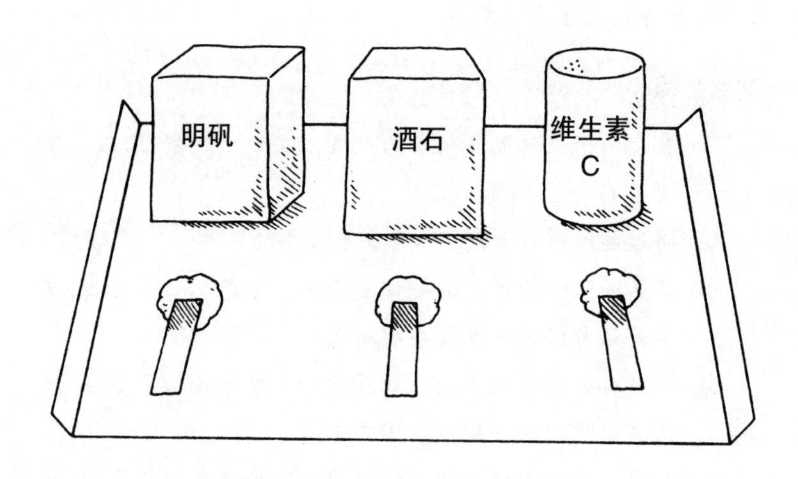

93. 可以喝的酸

你将知道

观察柠檬汁会使紫色卷心菜溶液变成红色的现象。

准备材料

一些柠檬汁,一些紫色卷心菜溶液(见实验88),一只玻璃杯,一把汤匙(15毫升)。

实验步骤

① 往玻璃杯内倒入一汤匙的紫色卷心菜溶液。

② 往玻离杯内加入一汤匙的水。

③ 再往里加入一汤匙的柠檬汁,然后搅匀。

实验结果

玻璃杯里的溶液会从蓝色变成红色。

实验揭秘

当柠檬汁和紫色卷心菜溶液混合时,柠檬汁中的柠檬酸会使紫色卷心菜溶液变成红色。

紫色卷
心菜
溶液

94. 做面包时为何要加醋

你将知道

在做面包的过程中加醋会发生什么现象。

准备材料

一瓶醋,6 只杯子(各 250 毫升),两把茶匙(各 5 毫升),两把汤匙(各 15 毫升),一些发酵粉,一些碳酸氢钠(俗称小苏打),两张白纸。

实验步骤

① 将一只杯子装上半杯醋,另一只杯子则装满清水。

② 把两张白纸分别放在桌上,每张纸上放两只空杯子。

③ 在第一张纸上的两只杯子里各加入一茶匙发酵粉,在纸上写上“发酵粉”及杯子的编号“1 号”“2 号”。

④ 用另一把茶匙在另一张纸上的两只杯子里各加入一茶匙小苏打,在纸上写上“小苏打”以及杯子的编号“3 号”“4 号”。

⑤ 往 1 号杯子里加入两汤匙水,往 2 号杯子里加入两汤匙醋。观察两只杯子里的情况,并将观察结果记在纸上。

⑥ 用另一把汤匙往 3 号杯里加入两汤匙水,然后往 4 号杯里加入两汤匙醋。观察两只杯子里的情况,并把观察结果记在纸上。

实验结果

往杯里加入液体时,1 号杯、2 号杯、4 号杯里产生冒泡的现象,3号杯里则变成白色的浑浊溶液。

实验揭秘

发酵粉是由碳酸氢钠、酸与其他物质混合而成的。发酵粉加入水后会产生酸性溶液,此溶液与碳酸氢钠起反应,产生二氧化碳。醋是酸性的,所以把它加入碳酸氢钠后,会反应产生二氧化碳,所以可以在烘焙过程中使面包或蛋糕变蓬松。

小苏打的成分是碳酸氢钠。当碳酸氢钠与酸反应时,反应的产物只有二氧化碳。醋、酒石和奶油都是酸性物质,所以在面包、蛋糕中加入酸性物质,会产生二氧化碳,而二氧化碳可使它们膨胀,经过加热烘烤后会越发膨胀,从而使面包、蛋糕更为蓬松可口。

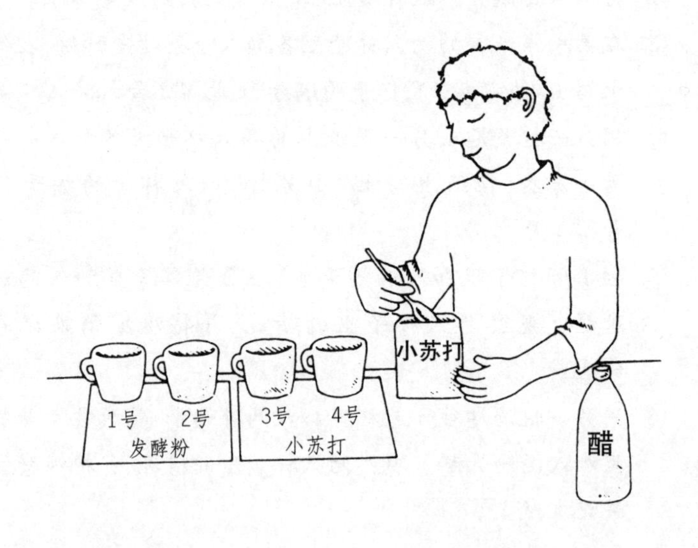

95. 自制姜黄液试纸

你将知道

如何制作能检验碱性物质的试纸。

准备材料

一只封口可开合的塑料袋，一把茶匙(5 毫升)，一瓶酒精，一些姜黄粉，几张过滤纸，一只杯子(250 毫升)，一张铝箔纸，一只大碗。

实验步骤

① 将杯子装上 1/3 杯的酒精。

② 往杯子里的酒精中加入 1/4 茶匙的姜黄粉，搅拌均匀。

③ 把上述溶液倒进碗里。

④ 一次将一张过滤纸浸入碗里的溶液中。

⑤ 取出浸湿的过滤纸，放在铝箔纸上，晾干。

⑥ 然后把晾干的过滤纸分别裁成 4 厘米 ×8 厘米大小的纸条，这就是姜黄液试纸。

⑦ 把这些试纸放入塑料袋内并封好袋口保存。

实验结果

姜黄液试纸晾干后会变成鲜黄色。

实验揭秘

姜黄液是一种检验碱性物质的指示剂。当它遇到碱性物质时，姜黄液试纸会从黄色变成红色。

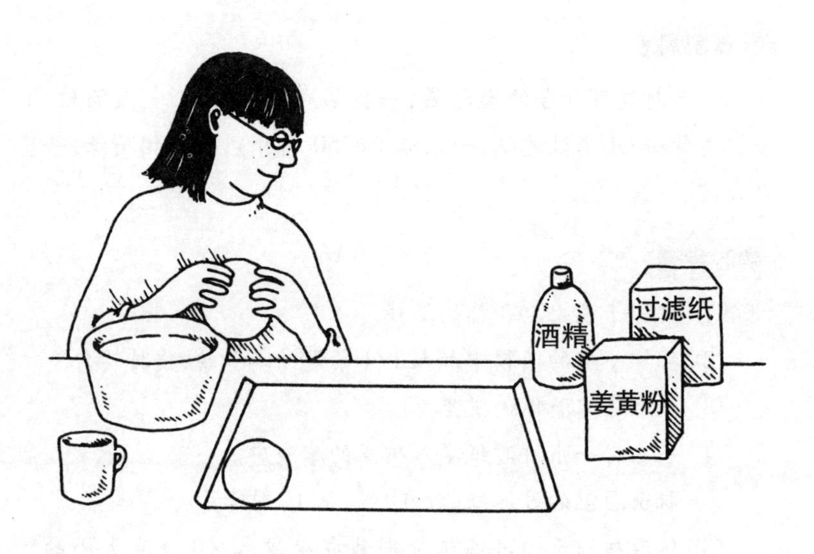

酒精
过滤纸
姜黄粉

96. 如何检测气体的酸碱性

你将知道

如何检测肉眼看不见的气体的酸碱性。

准备材料

一张姜黄液试纸(见实验95),一瓶氨水。

实验步骤

① 将姜黄液试纸的一端蘸些水。

② 把氨水瓶的瓶盖打开。

注意:不要吸入氨气。

③ 将试纸湿的一端放在瓶口上方5厘米的地方,试纸不要接触到瓶口。

实验结果

试纸湿的一端会变成红色。

实验揭秘

氨水是由氨气溶于水制成的。当你一打开氨水瓶的瓶盖,有刺鼻气味的氨气就会跑出来。氨气与试纸上的水混合形成溶液,所以会使姜黄液试纸变红,由此我们可以判断出氨水是碱性的。

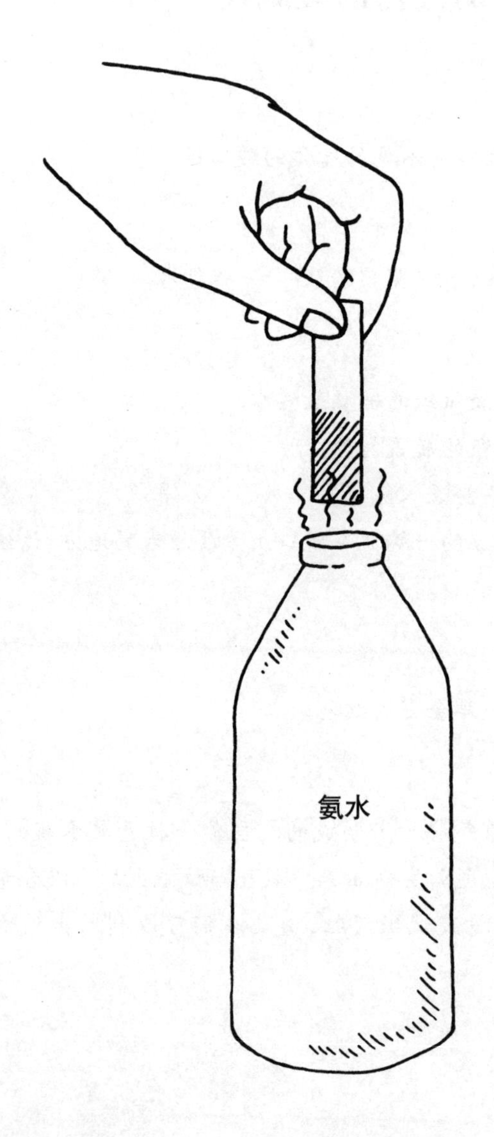
氨水

97. 如何检测干燥的固体的酸碱性

你将知道

姜黄液试纸只有在潮湿时才能进行实验。

准备材料

一张姜黄液试纸(见实验95),一些碳酸氢钠(小苏打),一只玻璃杯,一把茶匙(5毫升)。

实验步骤

① 往玻璃杯里倒入半茶匙的碳酸氢钠粉末。

② 用干燥的姜黄液试纸一端与碳酸氢钠粉末接触。观察试纸的颜色。

③ 将试纸的另一端蘸湿后,再去接触碳酸氢钠粉末。观察试纸的颜色。

实验结果

干燥的试纸没有变化,而湿的试纸会变成红色。

实验揭秘

碳酸氢钠是碱性的。要使试纸发生作用,必须让碳酸氢钠溶于水。因为水能促使化学物质混合在一起发生反应。

小苏打

98. 如何检测洗涤用品的酸碱性

你将知道

洗涤用品是酸性的还是碱性的。

准备材料

一张大的正方形铝箔纸(边长为30厘米),一把茶匙(5毫升),4张姜黄液试纸(见实验95),一只杯子(250毫升),一块肥皂,一瓶玻璃清洁剂,一瓶地毯清洁剂,一些去污粉。

实验步骤

① 将铝箔纸平放在桌上。

② 从4种洗涤用品中分别取出半茶匙的量放在铝箔纸上,彼此隔开一定距离。

③ 将4张试纸的一端弄湿,分别放在4样洗涤用品上,然后观察4张试纸的颜色。

实验结果

4张试纸全都变红。

实验揭秘

大多数的洗涤用品都是碱性的。这是因为碱会与污物结合形成泡沫,将泡沫冲净,被洗涤的物品也就干净了。所以,碱性的洗涤用品会使试纸变红。

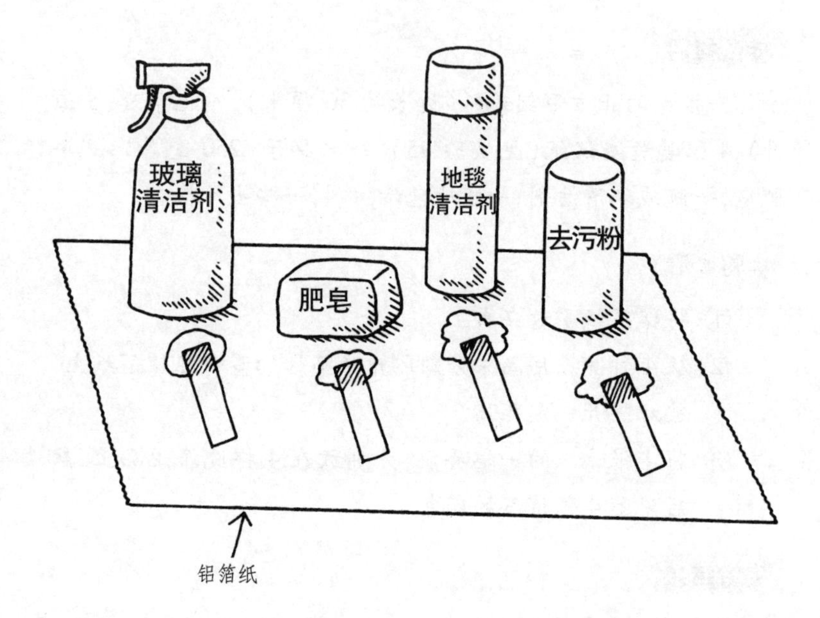
玻璃
清洁剂
地毯
清洁剂
去污粉
肥皂
铝箔纸

99. 草木灰是酸性的还是碱性的

你将知道

如何制作并检测碱性溶液。

准备材料

一些草木灰，一把汤匙(15 毫升)，一只杯子(250 毫升)，一张姜黄液试纸(见实验 95)。

实验步骤

① 往杯子里倒入两汤匙的草木灰。

② 往杯子里倒入水搅匀。

③ 将试纸的一端放入溶液中。

实验结果

黄色的试纸会变红。

实验揭秘

草木灰含有碳酸钾这种化学物质，而碳酸钾溶液是碱性的，所以姜黄液试纸会变红。

100. 什么叫中和反应

你将知道

用酸性物质可以中和碱性溶液。

准备材料

一张姜黄液试纸(见实验95),一瓶氨水,一瓶醋,两根滴管。

实验步骤

① 将试纸的一端浸在氨水中。

② 用滴管吸取醋,滴在试纸蘸有氨水的地方。

实验结果

氨水先会使试纸变红,滴上醋以后,试纸又会恢复到原来的黄色。

实验揭秘

氨水是碱性的,醋是酸性的,两者混合会互相抵消,最后既不显酸性,也不显碱性,而为中性。中和反应是指酸和碱互相交换成分,生成盐和水的反应。碱性的氨水可使试纸变红,加上醋以后,酸碱中和而显中性,使得试纸恢复原来的黄色。

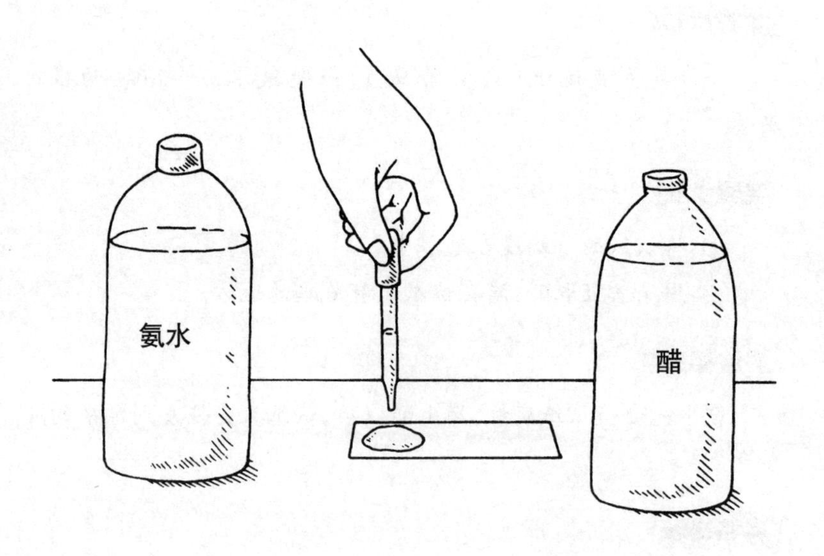
氨水
醋

101. 毛发也能溶解吗

你将知道

如何用漂白剂溶解毛发。

准备材料

一团头发(核桃般大小,可从理发店收集),一瓶漂白剂,一只小广口玻璃瓶,一把茶匙(5 毫升)。

注意:这个实验要有大人协助。如果不小心沾到漂白剂,应立即用大量清水清洗。

实验步骤

① 将玻璃瓶装上 1/4 瓶的漂白剂。

② 将一团头发浸在漂白剂里。头发如果会浮起来,可用茶匙将它压在瓶底。

③ 浸泡 20 分钟。

实验结果

漂白剂表面会产生泡沫,头发上会有小气泡出现,到最后,头发会部分或全部溶解。

实验揭秘

漂白剂是碱性的,头发是酸性的。酸与碱发生反应,称为中和反应。中和反应的产物是中性的,也就是既不是酸性,也不是碱性。漂白剂会溶解酸性的纤维,所以毛发会被其溶解。对全棉制品而言,漂白剂可安全使用,因为棉线是碱性的。但是漂白剂会将酸性的毛线溶解,所以不能用于毛衣等羊毛制品的漂白。

漂白剂